当哲学遇上量子力学

潜能哲学发微

何锐 著

知识产权出版社
全国百佳图书出版单位
——北京——

图书在版编目（CIP）数据

当哲学遇上量子力学：潜能哲学发微／何锐著. —北京：知识产权出版社，2021.5
（2021.12重印）
ISBN 978-7-5130-7420-9

Ⅰ.①当… Ⅱ.①何… Ⅲ.①潜能—哲学理论 Ⅳ.①B848.5

中国版本图书馆 CIP 数据核字（2021）第 021806 号

责任编辑：韩婷婷　　　　　　　　责任校对：谷　洋
封面设计：博华创意·张冀　　　　责任印制：孙婷婷

当哲学遇上量子力学：潜能哲学发微
何　锐　著

出版发行：知识产权出版社有限责任公司	网　　址：http://www.ipph.cn
社　　址：北京市海淀区气象路 50 号院	邮　　编：100081
责编电话：010-82000860 转 8359	责编邮箱：176245578@qq.com
发行电话：010-82000860 转 8101/8102	发行传真：010-82000893/82005070/82000270
印　　刷：北京建宏印刷有限公司	经　　销：各大网上书店、新华书店及相关专业书店
开　　本：720mm×1000mm　1/16	印　　张：17.75
版　　次：2021 年 5 月第 1 版	印　　次：2021 年 12 月第 2 次印刷
字　　数：249 千字	定　　价：79.00 元

ISBN 978-7-5130-7420-9

出版权专有　侵权必究
如有印装质量问题，本社负责调换。

問君飲酒可計量 盡興无須數
幾觥 一見如故 狠遇迚十杯
入肚增盡浪休提賓客蹉跎
事 悟記蟹肥在秋黃夢慕肆
意酒醉人才悟杯中日月長

花洪義詩 一見如故

書贈何銳 己亥年秋

序言

由于科学与技术飞速发展，人们的一切生活都进入了科学与技术中，似乎与哲学再无关系。尤其是在我们国家，从事自然科学与技术研究的人，都很少去学习、思考哲学，更遑论普通大众了。然而，哲学和科学与技术有着深刻的、不可分离的关系。科学尤其是自然科学可以说是关于自然现象的系统知识，是对表达自然现象的各种概念之间关系的研究。在古代埃及与巴比伦的一些文献中，已经有了关于算术、年历以及对日食和月食的认识。这些认识包含对于度量单位和原则的理解，经验知识在这个意义上已经有了一定的系统性。然而，首先对这些知识加以理性考察的，也就是追问其所以然，并探索其各部分之间因果关系的，应该是古希腊前苏格拉底时期的自然哲学家。在这些自然哲学家的手中，丈量土地的技术转变成了一门演绎科学——几何学，对经验知识的学习和应用变成了对形式的研究和探讨。再加上亚里士多德建立了逻辑学，知识在形式上被保障，科学在这个意义上被创立了。

著名科学史家丹皮尔在《科学史及其与哲学和宗教的关系》一书的绪论中指出，苏格拉底和柏拉图的雅典学派兴起以后，形而上学就代替了自然哲学。希腊人对自己的心灵的作用入了迷，于是就不再去研究自然，而是把目光转向自身。他们把毕达哥拉斯派的学说加以发展，认为只有理念或"理式"才具有充分的实在性，感官对象是不具有充分的实在性的。亚里士多德在生物学上虽然重新回到观察和实验，但是在物理学和天文学上还是紧紧遵循他的老师柏拉图的内省方法。丹皮尔的这种理解是有问题的。科学的方法主要是分析的和实证的，即尽可能地用数学的方式并按照实证的原则，来对现象作出分析和解释，这的确有别于形而上学。但是，现在看来，科学的基本概念不外是由心灵所形成的抽象概念。这些概念被创立，目的在于将简明性、秩序性等赋予表面上混沌的现象。在这个意义上，科学和哲学则是统一的。众所周知，当泰勒士提出"水是万物的本原"时，希腊哲学便开始了。为什么"水是万物的本原"这一命题是希腊哲学的滥觞呢？尼采说，有三个理由使我们有必要重视和认真对待这一命题：第一，因为这个命题就事物本原问题表达了某种看法；第二，因为它的这种表达并非比喻或寓言；第三，因为其中包含着——尽管是萌芽状态的——"一切是一"这个思想。之所以用"萌芽状态"来描述泰勒士的贡献，主要是因为泰勒士虽然真实地直观到了万物的统一，但只是将这超越于万物之上的"一"以水的形式表达出来，还停留在具体事物的表述上，不能真正地理解"一切是一"这一抽象观念。直到亚里士多德那里，对个别事物之"本善"及全体事物之"至善"的追求成为哲学的目的，"一切是一"的真正抽象意义才被凸显出来。亚里士多德将一物之"怎是"作为万物统一的基础，表面上看似乎远离了科学，但正是这种纯粹抽象性的存在，恰恰为科学的发展开辟了无限的可能。

自然科学的成立有赖于知识确定性的建立。然而一个伟大人物——休谟，解构了知识确定性赖以成立的因果性原理。我们是如何认识到因果关系的呢？实际上就源于对相关性（correlation）的归纳推理。如果我们不断地发现 A 发生在 B 之后，而且 A 与 B 紧密联系，那么我们就断言 B 是 A 的原因。但在休谟看来，纵使两个现象被观测到一亿次都具有相关性，亦不能说明它们具有必然的因果关系。因为，完全意义上的归纳是不可能的。在他看来，因果律不过是人类的心理惯性或错觉。休谟的怀疑论毁掉了因果律，否认了理性的作用，科学大厦面临崩塌。直到康德的出现，他详细研究了数学何以可能、自然科学何以可能、形而上学何以可能的问题，从而使科学大厦的基石再一次被建立起来。康德提出："我们的一切知识都从经验开始，这是没有任何怀疑的。"但是他在作了一些论证后随即话锋一转，说："是否真有这种独立于经验，甚至独立于一切感官印象的知识。人们把这样一种知识称为先天的，并将它们与那些具有后天的来源，即在经验中有其来源的经验性的知识区别开来。"于是，康德将目光从外在的世界转向认知自身，试图从认知中寻找纯粹的、不变的先验知识。康德指出，时间和空间是感性直观的纯形式，十二个范畴则是知性的纯形式。正是通过这些纯粹形式的规范，万物才得以以多姿多彩的形式呈现出来。时空直观形式和十二个范畴因其超越经验而具有普遍性和必然性，由此而来的自然科学知识亦有了确定性，自然科学的大厦从此坚稳无比。休谟和康德的思想极大地影响了爱因斯坦，使其提出了相对论这一伟大的创见。量子力学提出观测者与观测对象之间的交涉关系，更是与哲学上人和客体关系的理论密切相关。

由此可以看出哲学对科学的终极保证意义，实际上，科学对哲学亦有重大的影响。在古希腊前苏格拉底时期，哲学与科学具有一定意义上的一体性，科学对哲学的影响自不待言。而亚里士多德的哲学创见，同样与他对自然科学的理解密切相关。有学者曾指出，康德的先验时空观受牛顿物理时空观影响。在当今时代，科学的影响无与伦比。但我们要牢记它与哲学密不可分，可以从哲学中汲取无尽的营养。康德在《纯粹理性批判》中提出理性的三个问题:"我能知道什么?""我应当做什么?""我可以希望什么?"在《逻辑学讲义》中又加了第四个问题:"人是什么?"所以,哲学与人生的方方面面都有关系。我们的人生充满茫然和困惑,不妨去哲学中寻一寻、找一找,必可获得有益的帮助。何锐博士《当哲学遇上量子力学——潜能哲学发微》一书,是哲学与量子力学的相融之作。作者好学深思,出入两个领域,时有妙论,书中还有许多对人生其他问题的思考,都与哲学有着极大的相关性,颇有可观之处。

是为序。

丝绸之路国际知识产权港有限责任公司董事长　冯治库

2020 年 6 月 16 日

自序

关于自由意志、决定论与潜能论

题记：

没有人事先了解自己到底有多大的力量，直到他试过以后才知道。

——歌德

十余年前，笔者纠结于机械决定论，感觉此疑甚为难解。如今，稍有所得，亦不敢自专自用，便想拿出共享。想法未必成熟，亦未必能于世风时俗稍有匡正裨补之能。但笔者始终觉得，自己所思所虑是哲学之基本问题，此疑一解，或可对人类智慧之演进有推波助澜之效力。

"潜能"，质言之，是潜在的能量。首先，它是存在的；其次，它存在的方式是潜的，我们可以赋予"潜"多层含义，如隐含的、无序的、无限自由度的、无规定性的。在中国传统文化中，和"潜在"最接近的一个词就是"太极"。

简单地说，笔者的哲学离不开两个概念——潜能与惯性。潜能代表生命和运动，惯性代表死亡和静止；潜能代表自由，惯性代表约束。潜能论和中国传统文化存在着渊源，因为潜能论发挥的正是太极的思想。太极者，动静之机，阴阳之母也。从这句话可以看出，太极不是动、不是静，不是阴、不是阳。但是，它却涵寓着动静或阴阳。也就是说，太极就是一种可能性。太极什么也不是，却什么都是。如果从阴的角度去考察它，它显示出阴的性质；如果从阳的角度考察它，它就显示出阳的性质。这正是潜能，潜能就是包含着各种可能性的一种存在形式，它不是任何一种具体的形式，可以说是不可以用语言来描述的，但是它可以转化成一种具体的形式，这就完成了由潜在到现实的一种嬗变。

这个世界是决定论的还是存在自由意志的？这是哲学由来已久的纷争。笔者现在对此问题考虑得比较清楚。要解决这个问题，笔者先问大家一句，这个世界是不是只有生没有灭，抑或只有灭没有生，还是既有生又有灭？笔者想，大多数人会同意有生有灭。既然有生有灭，那么什么是生？什么是灭？在笔者看来，生便是自由的，灭便是不自由的。世界如果是决定论的，意味着世界始终在一个逻辑链条上，那无所谓生，世界不过是一个静态的、完全固定的机械。牛顿力学的世界观就是这样的，如果有一个逻辑起点，就会决定以后发生的一切，没有任何新的内容，所以无所谓生。如果把时间作为额外的维度加在空间三维上，那么世界就是一个静止的僵化的存在。这样一来，哪里有生？生是什么？无中生有就是生，但要注意这里的"无"不是绝对的虚无。

至于无如何生有，暂且不论，我们就说说创造，应该就是一种无中生有吧！以物理学为例，从牛顿力学的时空观过渡到相对论时空观，那是一个质变，牛顿时空观基于牛顿三大定律，而相对论来自两个基本原理，这是本质的不同啊！这里有新质的产生，所以就是生。如果一个东西可以被另一个逻辑地推导出来，就不是生。佛教所谓的因果就是无生，地狱里的恶鬼之所以无生，是因为它们只受制于因果；神佛则不同，所谓神，不测谓之神，就不受制于因果。按照佛教，因果是改变不了的，但我们可以通过不造业来使自己尽量不受制于因果。笔者所说的逻辑，可能狭隘了一些，这里，笔者说的是一种因只能导致一种果的因果。既然是生，就是有多种可能性的，有自由度的、无规定的因素在里面。世界的运动，如果从纯粹物质的角度来研究，不可避免是决定论的，或者是有决定论成分的。物质是一种人们抽象出来的东西，它符合一定法则，这不奇怪。也就是说，物质本身是无生的，无生的东西从某个逻辑起点出发演化的结果只能是决定论的。

再看看物质到底是什么？物质只是我们抽象化的结果。比如太阳这个物质，在牛顿力学中它是质点。但这就有问题了，太阳是由许多原子构成的，一个太阳怎么能抽象为一个质点呢？太阳边缘的原子是否包含在太阳这个质点之中呢？说起来，太阳是什么的界限都不知如何划分啊！再比如微观情况，说夸克或电子是基本粒子，是否这样它的界限就被给定了呢？我们说到了微观情况，情况更糟糕，只能用波函数来描述粒子的状态，在空间某点处找到该粒子的概率是波函数，在空间中，该粒子位置是不确定的。与其说存在这个粒子，不如说这个粒子原本就不存在，是观测行为也就是意识使它产生。既然粒子本来就不存在，何来界限，又怎么可以用质点的概念来规约它？所以，粒子或质点只是人的抽象，只不过是人造的概念的对应物而已。比较奇怪的是，这些人造的概念的对应物居然也会符合物理和数学法则。那我们还是回到前面，因为它们是无生的，又具有相对的稳定性，所以在此层面，它们必然受制于因果。笔者不是绝对地排斥客观，但主观的东西肯定存在。客观的东西，像任何一套数学体系，就比较客观。如果存在的物质形态符合其中一种数学法则，那么它将会随这种数学形式演进，那也没有什么好奇怪的。关键在于物质本身是无生的，所以它只能在一因一果的因果链条上存在。

人的自由意志就相当于人的潜能，肯定是有，但有限，命运就像强大的惯性，是拒绝不了的。笔者以为，中国古代的算命术、占卜术有一定的合理性，但必定是不完备的。世间的很多因因果果和很多事情是相联系的，比如过去和未来之间。包括一些伟人，在幼小时期可能就决定了他以后的成就。有一些选择并不是来自我们的自由意志，而是迫不得已。当然，我们也有一定选择的权利，但是有限。这个选择的权利正来自我们的潜能。凡是理性的思考都必然受因果控制；相反，一些感性的灵感或成熟一点儿的顿悟，那是我们自身选择的权利。灵感和顿悟意味着创造性思维，创造是无中生有，无中生有就意味着不局限于以前的因果链条上。当然，创造也离不开经验，但创造必然会产生新的东西。一般来说，科学是创造，技术是科学之用，但也不可严格地划分。比如，爱因斯坦关于狭义相对论的两个基本原理就不是来自理性思维，而是来自灵感。当然，也是经验触发了他的灵感。这两个基本原理是任何推论都推不出来的。原理就是公理，公理是理论的基石，不是来自其他任何逻辑链条的。经验固然重要，但他的公理毕竟是无中生有，而不是任何推论的结果。如果没有爱因斯坦，这个不证自明的事实不知道什么时候才能诞生呢。经验很重要，是灵感的外因，但灵感根本上却来自人本身的洞察力。任何有系统的理论都来自几个原初的公理假设。

其实，人受思想束缚，欲望控制，不可能是自由的，但这些其实是外因。人的内因很重要。"天命之谓性，率性之谓道，修道之谓教"，古代的天人合一说法，至人或圣人是不受命运约束的，或者说知天命。笔者总是试图相信宇宙是有生命的，笔者也的确相信。这种生命就是宇宙潜能，人有潜能，宇宙亦有潜能。宇宙的物质现象只是宇宙潜能的展开形式。"潜能"这个词极为合适，其他词汇代替不了。因为，潜能是能量的一种形式，另外，它还代表潜在的自由度。潜能和惯性是对立统一的范畴。笔者把凡是能用语言表达的，即有序的形式，都归结为惯性。潜能和惯性参照着讲，能更好理解笔者的意思。潜能在人的思维中对应着人的灵感和顿悟，而惯性对应着理性思维。

理性的思想其实也是惯性，因为虽然思想是无形的，但它是有序的，能用语言描述的。从人的思维上来说，惯性意味着理性。意识能够转变成物质，这在量子物理的哲学中已不是鲜见的事情了。测量能改变客体，而测量来自人意识的安排。以往的经典物理学中，认为测量是对客观世界的反映，是不会影响客体的。但在量子世界，测量直接导致了波函数的塌缩。

只要是合因果性的，都是单一一种可能性，都是一种自由度的存在，所以都是惯性。在笔者的概念中，有序的=因果性=理性的=既成的=单一自由度。而且都是可以用语言描述的，因为它们都可以概念化。有没有一种东西不可以概念化或形式化？笔者觉得确有其是。语言不可以描述的，就是不可以概念化或形式化的。比如太极或道、禅宗的第一义谛，再比如笔者说的潜能。

笔者的哲学，借鉴了海德格尔的一些思想（海德格尔的"在"就类似于笔者的"潜能"的概念），但根本上来源于天人合一的思想。笔者的思想的最大受益还是来自玻姆，玻姆、海德格尔和《易经》，是潜能论的来源。所谓《存在与时间》，如果用笔者的潜能论来看，完全可以比照。在笔者看来，天人合一说的是宇宙的潜能和人的潜能的关系。天也是有意识的，物质世界只是宇宙潜能的展开，物质世界就是广义的惯性。真正意义上的中国传统哲学是本根于《易经》的，"天行健""地势坤"都显示了天地自然的生生不息之德。潜能论就是贯彻这个"生"字的。在笔者看来，物质世界当然是受自然法则宰制的，因为物质世界只是被宇宙潜能展开的一种既成的、有序的、自由度的形式。

有人试图用科学之力证道成圣，这是永远达不到的，因为这是背道而驰的。科学是对象化、客观化的学问，是理性的，是一种惯性思维，但笔者不是说科学家都是惯性思维，笔者说的是整个科学理性。科学之所以违背道的根本，是因为科学把人与自然对立起来，静态地看。似乎越客观越合理，其实已割裂了人性与天道之间的关系。所以，科学得到的，往往是表象，不是根本。这就好比现代的解剖学，把人解剖得再细致，但还是在看死人。

  本书是笔者个人思考的结晶之作，倾注了笔者的大量心血。读者如在有意无意间翻到此书，能于其中的片文只字间稍微领略到笔者的用意所在，进而能掌握笔者整体的思想脉络，倘有这样有心、用心的读者，吾愿足矣！

何 锐

2020 年 5 月 5 日

第一章
潜能论哲学
001

释"道" /002

潜能论阐微 /003

张载关学与潜能论 /016

海德格尔存在主义哲学与潜能论 /019

玻姆哲学与潜能论 /023

宇宙潜能论 /026

物质、精神、信息及潜能 /028

议感官的作用 /029

第二章
哲学之余
031

谈"空" /032

关于信仰 /033

孤 独 /034

人性善恶辨 /035

气质之学 /036

关于主客对立 /037

自由意志与决定论（入门篇） /040

自由意志与决定论（提高篇） /045

从生灭观看决定论 /047

谈自由、随机、有序、无序等问题 /048

简单、复杂与难 /049

谈谈相对真理 /051

人和机器 /053

批科学主义 /055

元 气 /056

精神与肉体 /057

关于梦 /058

客观世界 /060

暗能量暗物质 /062

感觉的实质 /063

目录

生生之谓易 /065

心诚则灵 /066

论克邪 /067

君子不器 /068

禅 /069

"参禅"与"悟道" /071

西方哲学与中国哲学 /072

康德哲学及其他 /073

胡塞尔 /076

海德格尔存在主义 /077

谈数学、因果律及意义 /079

科学的误区 /080

根本之学 /081

理论的局限性 /082

关于量子力学 /083

测量问题 /088

玻姆关于量子的解释——见《整体性与隐缠序》一书 /090

再议潜能论 /091

潜能论和机械唯物主义 /093

粗说张载哲学与潜能论 /095

佛教的"空"与潜能论 /096

关于中国传统武术 /097

中国古代的数学为什么不发达？　/098

信息是否一定需要载体？　/099

一切问题都可以转化为数学问题吗？　/100

洪定国教授电话录　/101

第三章
文化随笔
103

寇甲来了　/104

调背孤行　/107

论武侠　/108

论侠的精神和天地精神　/109

疯子与天才　/111

故　乡　/112

月是故乡明　/114

为恶之花，结善之果　/116

置之死地而后生　/117

行程中，戏说两句　/118

人到中年万事休　/119

凉秋九月　/120

沧浪亭散记　/122

读书与治学　/124

该读什么样的书？　/126

目 录

也谈科学 /127

学人的使命 /128

信　念 /129

关于道德 /131

内圣外王之道 /132

宋明理学存在意义的思考 /133

从国学热想起——谈点文化 /135

小议中国传统文化 /139

再议中国传统文化 /142

中国传统文化乃医心之药 /144

中国传统文化的贯通之力 /145

对中国传统文化的维护 /147

关于《世说新语》和《围炉夜话》 /148

评金庸小说里的几个人物 /150

粗读吕澄先生《中国佛学源流略讲》 /152

不说也罢碎碎念 /154

今夜，为你写下几行字 /155

天涯复左手抖兄 /157

译《黄帝阴符经》节录 /158

《抚今追昔话平生》序言 /161

第四章
思学录
165

我是范洪义教授的学生 /166

读范老师《物理感觉启蒙读本》一书有感 /169

仁者心动（按语数篇） /172

对范老师的学术评价 /179

何锐续范洪义之《理论物理的形式推导》 /181

范洪义老师寄来的几则禅宗公案 /183

李鸿章当铺 /188

略评范洪义教授《重读〈醉翁亭记〉》诗一首 /190

《抚今追昔话量子》后记 /192

评范老师的一首诗 /195

卖书记 /196

第五章
灵飞集
199

念我英雄 /200

兴亡叹 /200

世外小仙 /201

僧归何处 /201

乡　情 /202

春　半 /202

目 录

我与太极拳 /203

初　夏 /203

读范老师诗自勉一首 /204

春　思（清华访学时作） /204

春二首 /204

清　明 /205

式微四首 /206

定胜天灾（新冠疫情防控时作） /206

自　嘲 /207

仿杨慎 临江仙 /207

满江红·一苇 /208

无　题 /208

思舅父 /209

新时代的堂吉诃德 /209

杏花运 /210

秋光好 /211

秋风刀客 /211

星月歌——勉众学子 /212

五　月 /213

夜雨秋灯 /213

自　嘲 /214

鹰 /215

学戏文　/215

世界之熵　/216

遣怀一　/217

春　行　/218

梅花诗——和范老师　/218

吊岳飞　/219

祝酒歌　/219

春思三首　/220

无题三首　/220

游龙井沟　/221

饱　食　/222

遣怀二　/222

深夜作九张机　/222

无题九首　/223

秋　思　/225

挽　歌　/225

侠客愁　/226

晚　钟　/227

老　客　/227

古风三首　/227

登古塬　/229

秋夜歌　/230

野狐杂诗　/230

咏　剑　/232

识　趣　/232

归　乡　/232

自　嘲　/233

百度联句　/233

醉菩提　/236

第六章
半部自传
237

天涯万里身　/238

后记/256

第一章
潜能论哲学

题记：

　　万物静观皆自得，四时佳兴与人同。道通天地有形外，思入风云变态中。

——程颢《秋日》

释"道"

艺术的最高境界在于生动，生动则不但信息量大，而且让人衍生想象。中国的艺术受老庄的影响甚巨，虽然其艺术的准则并不仅仅局限于老庄。一门艺术之所以尊之为某道，就是因为它富有生机，信息容量大，大到可以让人无限遐思。因此，它本身就有了生命。若只是复制，那就不是艺术了。

有形有相则非道。道既不是规律，也非本体。若是规律，则有理可循，用文字或语言能表达出来；若是本体，它就是一抽象物，然道不是物。道具有普遍性，它无处不在，遍周法界。道什么也不是，却什么也是，为什么？因为道包含无限的可能性，而它自身却不是这无限种可能性之一。太极就是艺术，因为太极就是动静之机、阴阳之母，它潜藏着无限的可能性。

有形质的东西，也就是我们可以感受到的东西，都是有一定客观性的，而恰恰无形的是我们感受不到的，是不测的，具有变化性和能动性。中国的东西高明就在于追求形而上的道，对于无形的东西的认识和体察，而西方如果有什么形而上学，那只是作为一种超离经验之外的抽象拟设而存在的。在中国可以明道悟道。而且，中国人认识到大道是相通的，任何一门技艺或学问，上升到最终的层次都是道。老子曰："上士闻道，勤而行之；中士闻道，若存若亡；下士闻道大笑之，不笑不足以为道。"

既然道是无法被限定的，无限即是道，无限即是自由，所以道即是自由。生命最基本的形式就是自由，否则就是形而下之器物，能达大自在、大自由，就是见道之人。自由绝不是"我高兴，我自由"，从心所欲而不逾矩即是自由，也就是知天命。

潜能论阐微

近来，笔者发表了一套潜能论，未必能自圆其说，又不今不古，不中不西，参比印证者又少，可能纯属村夫子之陋识蔽见，恐贻笑大方。吾之师者，在西方为玻姆、海德格尔，在中国则为大易之思想，至于释迦慈氏，实不敢苟同，其悲观、幻灭无常之思想实于生生之德相向而行。一个向内是被动的（佛家），另一个向内是主动的（大易）。在佛家，生命之流终是幻事，在中国传统文化中，宇宙之大生命与人合而为一，所以充实而具能动性。

下文试从潜能的观点出发，对哲学的三个基本问题进行透视性解析。潜能，质言之，乃宇宙生命的基本存在形式和意义所在，它是一种能量形式但又不同于纯粹物理学意义上的能量。潜能的对立统一范畴是惯性。宇宙和人生的演进便由潜能和惯性的相互转化而展开。基于此，我们可以对宇宙人生做一个一般观念性和概括性的探讨。

一、哲学的基本问题

欲申说潜能论的意义和作用，我们必须了解它解决了哪些哲学的基本问题，欲了解这些，我们必须先讨论哲学存在哪些基本问题。哲学，泛言之，是关于世界观和人生观的学问。

吾人生于世界之中，最大的渴望是关于自身和对所谓的外在世界的理解，这就涉及主观和客观问题，一般来说，人们习惯于将自我与世界断为两截，分立看待，在自我之外存在一个客观世界。但是，这势必引起一个矛盾，既然世界外在于"我",那么"我"又寄身何处?思来想去,最好的结论是"我"在世界之中。但是,"我"如果在世界之中,那么岂非"我"只是世界的一个外延性的存在?又何必分出"我"和世界呢?但是,"我"的感知感觉又告诉我们,"我"是真实存在的,我思故我在,吾人在世界之中又仿佛在世界之外,这就是主观与客观的区分。但据以上讨论,我们说主观与客观实是一对矛盾,所以,哲学的第一个基本问题就是主、客观如何统一?第二个基本问题是关于世界是唯心的还是唯物的。我们对世界的认识的直接材料全部来自我们对世界的感觉经验,除此而外,我们别无其他途径,既如此,我们怎么就能确定在我们感觉之外就有一个客观存在的世界呢?但是,通过与他人的交流和比照得出,我们对所谓的外在世界都有一个统一的印象,我们还可以对所谓的外在世界用统一的物理法则来研究,从这个意义上来说,世界又有客观的一面并好像是唯物质性的。所以,不难看出,唯心与唯物也是一对不可解释的矛盾。第三个基本问题,是身心关系的问题,我们这里的"心"狭义上说就是意识。一般来看,意识是一个外在于身体的独立存在,它不是物质的,但是它作为一种非物质的存在形式如何能够使物质性的身体进行协调一致的运作呢?所以,身心如何能够统一,这又是哲学的一个基本问题。

那么,问题出在哪儿呢?在哲学和宗教领域,人们喜欢在形而上学本体论层面思考这些基本问题。也就是说,认为世界是由一个绝对的本体派生出来的,或由神创造的。这样一来,一是这些本体公说公理,婆说婆理,形而上学本体变成了一个纯属自我拟设的设立物,康德的贡献就是他揭示了人类理性本来就存在误区,故此,已往的形而上学在用理性设立最高本体的同时,其实也发生了路向性的错误,似乎南辕北辙;二是从认识论上来说本体具有抽象性,这种抽象本身就隔绝了对这些矛盾实际性或可操作性的思考,也就是说,它从世界万象中提取出来,但回不到万象本身,它解决不了任何实际问题;三是更为致命的,这些本体被人们误读为纯粹静态的存在者,因此抹杀了世界本身就是一个具有无限可能性的生动存在的事实，海德格尔正是看到了这一点，才发展了他的存在主义哲学。形而上学的本体论必然会导致二元思维，因为它们人为地把人从世界中抽离（或割裂）出来，对象性地去思维世界本体，这样必然会产生一些矛盾，而这些矛盾构成了哲学的基本问题。这就好比物理学上的内力作用（如想通过自身的力量把自己从地面上提起来），只会在作用系统内部形成一对互相抵抗的张力而对系统自身不会产生任何有意义的结果。佛家言诸行无常，似乎看到了现象世界的这种动态效应，但从根本上说，佛家以为现象世界都是来自真如本体的一念妄动，故而否定了现象世界存在的所有本征意义，这种动态效应无非幻生幻灭、缘起缘灭而已——都无自性，因而也毫无实在性。难道我们的世界果真如此？那还有什么生机可言？

二、潜能哲学要义

发展潜能哲学，其意旨在对治哲学的这些基本问题。开宗明义：潜能者，存在也，是生命的驱动力，而不是已成形的具形、具象之物事，已成者、既成者，无论有形之物质、无形之思想，皆属一惯性尔，惯性，在物为质碍，在思维，曰纯粹的理性。潜能的对立范畴即是惯性（当然，此惯性为广义之惯性），而潜能和惯性实又相互依存且可以相互转化，这就好比物理学上的质能关系（具体如何实现互化后文当详细申说）。潜能和惯性这一对对立统一的范畴构成了所有潜能论的机枢，所以我们不可以不察。下面笔者将详细阐述潜能和惯性的本质、体性、功用以及两者的关系。

潜能，顾名思义，有"潜"有"能"。"潜"者，潜在也，即具备无穷（抑或多种）可能性且尚未被开发也；"能"者，能动也，势力也，主动也。潜能其实是一种能量，它具备物理学上一般定义的能量的量纲这一点是笔者根据事理而察之，并不是靠笔者的主观臆断而强作规定，有些情非所愿又不得已而为之，但也不同于物理学上的能量，后者虽称为能量，而受限于物理法则，实不具有任何主动性。再看潜能，因为有潜，故有无限多自由；有能，故有选择性地成其所是，自为自在，有一定自由。那么，我们现实世界中，潜能既为潜在，那又何以能看到其之所在呢？潜能的意涵实不是用概念能够表达的，所谓"玄之又玄，众妙之门"，凡概念可表达的，都成为一个客观的对象，而对于潜能，我们不能当作对象来描述它，因为它实际上是没有任何固定性质的。潜能实际上什么都不是，但是，任何能够被我们思维的对象却又都来自它，这就像中国古代的太极思想，太极也是不可用言语表达的，它既不是阴又不是阳，既不是动又不是静，它成为什么，依赖于观察，若从阴的一面考察它，它就显示出阴性，若从阳的一面考察它，它就显示出阳性，动静亦如此。同样，潜能对于现在而言，它尚未成形，所以它既受限于一定时间，也不局限于一定空间，而在将来才有可能展现为现成的东西，故从时间性上而言，潜能总是先于现在的业已存在者，故潜能属于未来，它决定现在。（这是关于潜能时间性的思考，笔者虽参考的是海德格尔的哲学，但也是自然而然得出的，故不属于牵强附会）。就这样，一个超越时空的——潜能——的存在，决定了所有存在者的在世结构。注意到上面这一句话，出现了"存在者"这个名词，存在者，就是现成的、已成的物事，包括纯粹物质界、可以描述的思想，等等。而这些所有在世的存在者，实际上都是由潜能转化而成的具体形象。这是一种什么样的转化过程，我们将在下文中详细讨论。

在这里，我们要注意的是这些所有的存在者实际上就是一种机械的、静态的、僵化的存在物，它们的具体指称就是惯性。我们这里的惯性，乃是指一种习惯势力。我们观察到的宏观物质世界，就是这样的机械存在物（我们说），受到不变的物质法则支配；而一种纯粹理性的思想、一种知识、一种伦理、一种法律、一种制度，在成为约定俗成的一套概念体系之后，也就是成为语言文字可描述的东西之后，就变成了显性的、既成的逻辑符号系统，包括数学和其他自然科学在内，都是可对象化的存在物，因此属于惯性。

由此，我们可以说，潜能就是潜在的能量、未开发的能力。在纯粹的物理学中，潜能代表能量，而惯性代表质量，质能之间存在着可以相互转化的关系，即爱因斯坦著名的质能关系式 $E=mc^2$。潜能受惯性约束，因而可能会消弭在惯性中。潜能是自由，惯性是不自由。惯性无时无刻不在规定着潜在的可能性，想让它确定下来，而潜能却时时刻刻想摆脱惯性而成其自己所是。惯性是既成的东西，已经现成了，无法改变了，它会阻碍潜能。惯性就是习惯性。在日常生活中，惯性是对潜能的引导，是一种经验，说起来是一种经验，其实是创造性的一种障碍。既然作为万物之灵长的人具有潜能，我们就没有理由怀疑这个世界本身具有潜能。这个世界，受到了既成的东西的制约，所以它更多时候只显示出物质性的一面，人们发现不了它的动态性。我们只说有所谓的客观规律，根本来说就是惯性。也就是说只要既成的、现成的东西，都是惯性，就好比你大脑里的成见。

就思维的形式而言，纯粹理性思维是没有创生能力的，它纯属于惯性的外延产物，而灵感、直觉和顿悟是将潜能转化为显性形式的一种能力，它可以使思维从一个逻辑链条跃迁到另外一个逻辑链条，本质上是超越因果和逻辑的，因此，也可以说是无因的。所以，所谓创造性或者说创生能力，实际上来自灵感、直觉和顿悟，而不是来自无感性的纯粹理性思维，因而这是人不同于机器（即使是最高级的人工智能）的根本原因。人作为万物的灵长，就是潜能的存在使之与物不同。潜能转化为实际形式存在物的过程其实是一种艺术创造，而机器的输出物却不存在内在的艺术意蕴，毋宁说只是一种模拟、复制与仿造，而毫无内在的创造性可言。

所以，我们的存在是一种潜在，这种潜在就是一种潜能，但是这种潜能是有多种可能性的。既不局限于特定时空中，也不是一个确定的可能性，但是它能够生发各种意义，它的展开就是意义的展开，意义可以分为两个层面，一是物质性的，二是纯粹的信息质。后文将会阐述我们的身与心之所以能够相互作用，就是因为这个潜能可以生发出信息以支配身体的运动。

再一点，我们要说说潜能与惯性之间的关系。前面已经说过，潜能和惯性是一对对立统一的范畴。那么对立在何处？又因何能够统一起来呢？我们说惯性总是约制着潜能的自由发展，潜能自身虽然有一定的自由度，但受到惯性的规范。基因就是一个例子，人们总是说基因是人某方面的决定因素，这种基因决定论的观点也不无道理。但是决定人发展的因素何止基因呢？外在的环境无时无刻不在规范、影响人的发展，这外在的环境也是一种显性因素，因此也可以作为一种现成的惯性。那么，潜能自身的主动性又何在呢？我们说，外界环境（基因也是一种外在的因素）并不是一种决定因素，它赋予潜能的所有都是有序的信息质的东西，信息质的东西都属于知识结构范畴的内容，是可以用语言或其他符号体系来表达的，简言之，是有序的。而潜能自身本来就什么都不是，无所谓有序无序，因而当外界用有序的形式来规定它的时候，它就会在惯性的牵制下向有序性方向发展。但是潜能自身的自由度决定了它必不会完全受外界环境决定，它会生发出一种抵制外界引导其走向的有序的势用。更重要的是，潜能可以对外界的多种影响因素做出一个选择，所谓得机者得势。潜能就是在这样的不断抉择中发出有意义的信息，然后成为现在，最后成其所是，这就是潜能生机的展现。

三、哲学基本问题的对治

现在，我们来讨论一下（以后将会更深广地探究）前面申述的第一个哲学基本问题，也就是主客观如何能够统一？直白一点，我们在这里说的主观主要是指人的自我意识，客观则指人们对外在的统一认识形式。首先，自我意识来自我们的潜能，而如上所述，潜能是一种超越时间结构的东西，但它确实存在，我们在这里首先要破除一个习惯性认识，即存在都存在于一定的时空中，潜能就是一种不依附于时空而存在的存在形式。其实，这也很容易理解，从经典物理来看，我们通过狭义相对论能认识到这样一个事实，即能量和物质可以相互转化的，物质局限于时空中，但能量在时空中局限于哪个具体的位置呢？这就很难说了。而海森堡的测不准原理则告诉我们，时间越确定，能量则越测不准，这似乎都暗示着能量不是一种时空的局域性质。所以，我们说潜能不依赖于时空而存在应该是合理的。可能有人要问，你说的潜能和物质的能量能够相提并论吗？笔者的回答是：潜能虽然不同于一般物理上的能量形式，但是它确实具有能量量纲，并且能与物质相互作用和转化。这里，有必要简要介绍一下玻姆的量子势假说，他提出的量子势就是潜能存在的一种直接表现。

玻姆是 20 世纪杰出的物理学家和思想家，他在物理学上的诸多贡献我们暂且不论，这里我们浅要地介绍一下他的量子势观念。玻姆提出，作用在微观粒子上的不仅有经典势，还有附加的量子势。这个量子势是从薛定谔方程的一种变形形式中直接得出的。量子势由薛定谔方程中的波函数决定，但是，它不依赖于波函数（或量子波场）的强度而只依赖于其形式。我们知道，经典波总是产生与其波的强度或多或少成正比的效应，比如引起软木塞上下跳动的水波。但是，从量子势来看，这种效应对很大的波或很小的波来说是同样的，它只依赖波的整个形状。举例来说，假设有一艘由无线电波导航的自动驾驶的船，无线电波的总效应不依赖其强度而只依赖其形式。这里的关键是，这艘船是靠自己的能量行驶的，而无线电波内的信息被用来引导这艘船的更大的能量。因此，可以这样认为，电子也是在自己的能量下运动的，量子波的形式引导电子的能量。既然量子势不必随着波的强度减弱而衰退，这就意味着即使是环境的远距离特征，也能以深刻的方式影响其运动，因此量子势是一种全域相关的非定域性的能量形式。这实际上是指在量子势中包含的"信息"将决定量子过程的结果，也就是说，从数理形式来看，量子势虽然具有能量量纲，但是它的能量值很低，它可以引导大得多的能量。量子势的最大功用是它所携的活动信息，而不是它的物理效应。这样说来，自然界中确实存在一种具有能量量纲且以携带的信息为主效应的物理势，我们可以将其作为潜能在于纯粹物质界中的一种直接呈现形式。

我们这里讨论的是如何使主客观统一，有了潜能是一种超越时空结构形式的存在的认识之后，我们很自然地就意识到潜能并不依附于我们的身体结构，而独立于时空之外，而主观意识来自潜能，认识到这一点，就有了第一个认知上的突破：意识存在，且不依赖于我们的身体而存在。客观性是存在的，它就是宇宙间存在的巨大的惯性势力，它是有形质的，受一定的法则或因果性规范的，并且是能够被感知的；而主观性同样存在，它不依赖于时空，是无形无相的，它就是潜能表现出的一种自主性或能动性。我们不需要关心潜能活动的物理场所，它无处不在、无时不在。相对论告诉我们时空是相对于物质运动而言的，对于无形无相的潜能，它不属于物质界，所以应该是超越时空结构的。

至于笔者提出的哲学的第二个基本问题，世界是唯心的还是唯物的，到此处答案已非常明显，我们可以说世界既不是唯心的，也不是唯物的，而是唯能的。有了这一点认识，我们就可以直接消弭心与物的对立，心与物同属能量，自然可以交互作用。

下面举个简单的例子来说明所谓的纯粹物质界不是完全没有潜能的。事实上，如果我们观察的层次不同，物质界就会向我们显示不同的效应。如果我们从宏观层面分析物质界，由于我们的感官也是宏观粗大的，只能触及一定的尺度，所以，在这一层次上，物质界向我们的感官充分展示出它的显析结构——这个显析结构是整个宇宙的潜能在向一定的惯性转化时遗留下来的，也就是它有静态的、僵化的、恒定不变的一面，而我们感觉器官的感知能力实际上在宇宙的显析展开时也固定了下来，这表现在利用我们的感觉器官对物质界进行测量时并不影响（或不破坏）物质界这种显析序。而且，物质世界在宏观层面上并不受测量者（人）潜能的影响（因为这个潜能的量值很低，不足以影响宏观层次上的序）。因此，我们观察到的结果是一幅固定的、机械决定论的图像。也就是说，我们心中能够直接显现的就是宏观世界的图景，这部分由我们的感知能力决定，另一部分来自世界的潜能在展开自身时的具体形式。但是，如果从微观层面分析物质界，我们的感官却不能延伸到这个细微尺度，我们对宏观的显析序设定的概念在此种情况下不再适用，然而，由于我们感官受限，我们不得不使用这些只适用于宏观的概念来描述我们的对象，只不过，在此种情况下，我们将这些物理量转变成为算符（这种转换过程其实并不是我们纯粹凭着直觉构造出来的，而是实验结果逼迫我们如此去做，例如，海森堡发现矩阵力学的原初并不是首先构造出这些算符，只是最后我们在和经典力学做比较时才发现，只有将经典的力学量改易为算符时才能得到部分与实验相符的结果），但是，即使变成算符我们也只得出概率性的结果（波函数），这种概率性体现出在微观层面上物质界的潜能并没有完全被显性化，同时也体现了所谓的客观世界潜能是根据我们观察形式的不同而有所不同的潜在自由度，而这完全是一个主观的效果。另外，微观世界在我们不观察它的时候似乎还受到物理定则（如薛定谔方程）的宰制——尽管是概率性的（由于潜能的潜在，我们只能部分确定性地描述微观世界），但在我们观察它的时候，它的状态就会塌缩成一个依赖我们意识选择而存在的态，这对很多人来说，相当费解，但在此处，在笔者看来就十分容易理解，的确，是我们的潜能（也就是我们表现出的意识）发挥了改变微观客体的作用。为什么呢？因为我们的潜能是具能量量纲的，而且它的量值在微观层面上会产生显著的效应（在宏观层面上却几乎没有作用），因此，意识能够改变客体就没什么奇怪的了。可见，若抛开对量子现象的认识而直接去谈主、客观的统一，那最多只能达成一个浅层认知，以往的哲学关于这个问题的讨论不啻为戏论。

借此认识，我们现在可以说说身心关系。我们的意识为什么能指挥我们的身体活动呢？笔者认为，也可以用潜能来说破。既然在微观量子层面上，我们的意识能改变外界的客体，那么它在原则上理应也能对我们自己的身体发生引导作用。我们的一举一动，实际上都是我们的潜能根据一定的信息并在量子层面上协调和操控我们身体运行的结果。也就是说，我们的心灵中有一种潜在的力量，姑且称之为心灵的潜能，它是没有被展开的，即隐性的。当这种心灵潜能发出信息时，它就会指挥人体运动。因为，这种潜能具有能量性质，所以可以直接作用于身体。

另一个要解决的问题是：外在世界因何在人们的感觉中具有统一的形式？要解释这一点，很不容易。这里我们要引入一个全息的观念，也就是说宇宙便是吾生，吾生便是宇宙。我们前面似乎只说了人作为万物之灵长是有潜能的，因此，宇宙作为万物的统一体，我们更毫无理由认为它是没有潜能的。相反，宇宙所具的潜能应该是无限的，而人的潜能应该是有限的。宇宙作为一个大生命并非我们的感觉感知中的外在世界——纯属一个无感情、无意志的机械钟表式的东西，而是与人类命运息息相关的一个生命能动体，非但如此，它可能还有感情。笔者这一观点正是中国传统的天人合一理念的代言。吾人作为一个有限的潜能体，他肯定能实现宇宙生生不息之德，在其生命形式上与宇宙可发生通感，因而能达天人合一之境。吾人从一个潜能体展开自己的生命，实则依赖于人类世代相传的基因，从全息的角度看，在这个基因里，至少应该包纳了宇宙演进的部分信息，这些信息虽然是一种惯性因素，但是对吾人的成长进化实有不可思议的影响，可以说吾人整个生命形式的展开都依赖于这个基因。从单细胞生物进化到高级哺乳动物，宇宙中展现出不同层次的生命等级，而人的发育就是从最简单的一个受精卵逐步发育成人形，这不正体现着基因的全息质特性吗？另外，在演进过程中，宇宙的潜能会由无限多种可能性转变为一种可能性，于是就遗留下一些宏观的可显现的东西，这就是我们所见的物质世界，这些东西就是所谓的惯性物质，即客观物质世界，我们所见的日月星辰、山河大地、雨雪云雾、雷电风霜等就是这些物质形式。这些惯性物质既无感情，又无意识，但具有相对的稳定性，并随因果律演化。人的基因和外界这些相对稳定的因素就造成了所谓的客观性，基因中的某些因素赋予了我们统一的五官，也造就了我们统一的意识结构，当我们统一的五官和意识与相对稳定的外界对接时，就形成了所谓的客观世界。至少，基因对于我们意识中时空结构的形成肯定是有决定作用的。更进一步，如果我们能从看似无情的自然界中读出一些具有生命意蕴的信息，那就可能与天地合其德。

这里，我们做一个小结。世界存在，就在于它能够产生意义，在意义没有诞生以前，世界就是一种潜在，我们把潜在和能量挂钩，就是潜能。潜在不是物质性的，因为物质性的必须在时间和空间上有广延性质，即有形状，局限在某个体积内。但是，由于潜在可以发生意义，意义一旦展开，就变成有形质的东西或无形质的信息。这就好像质能关系的转化，无形质的能量转变为有形质的物体。世界其实一直是在这种意义的隐藏和展开中运动的，当它处于隐没状态时就是潜在，当它展开时，就是物质形式和信息形式。我们的生命形式和世界相同，也是不断隐藏和展开着的，我们的意识在没有思维发生时就是一种潜在，它隐藏着，一旦展开，就变成了我们的生活——意义空间。可以说，从全息的角度看，世界和我们是一个整体，我们的意识中，其实已经卷入了整个世界的信息，当它展开时，在我们面前便呈现出整个世界。因此，这种卷入和展开，表现了世界存在的意义，物质和精神现象只是这种潜在的不同展开形式。我们只有从这种层面上理解世界和我们自己，理解主观和客观，才能真正达到主、客观的统一。

四、总结

综上所述，我们可以对潜能做一些总结性的说明。首先要说明的是，潜能的本质是一种能量形式，在上文中，笔者提出过物质、能量、信息三个概念，但把能量放在了最高层次，这是笔者不愿意的，但又没有其他办法。因为能量既可以作用于物质，又可以是信息的载体，而且可以作为一种隐性未展开的东西来看，所以笔者不得已为之。潜能的存在就是意义的存在，是一种意境。世界有潜能，有一定的主动性，表现为主观性；但由于受惯性制约，它又会被现成的事物所规范，表现为客观性。这个广义的惯性的作用，就好比它总是使物体回到能量最低状态。就是保持原来的状态，所以是惯性。人也有潜能，我们的意识怎样指挥我们的身体运动？就是由于这种潜能的存在，潜能获得外在世界赋予的信息，然后根据这些信息调配身体的运动，这个潜能因为是具有能量量纲的，因此可以直接和身体发生作用，也就是直接和物质发生作用。潜能有一部分是根据外在信息展开活动的，这些外在信息就是惯性。惯性对潜能的约束有一定的规定性，但又不能完全约束潜能。

我们说我们有意识，但不知道意识托身在何处，如果意识只是身体的附随物，那么人就等同于物质。意识的根本是潜能。意识如何具有能动性？我们把它视为潜能就合理了。让我们先看潜能的本质，第一，潜能是能量特质的，具有能量量纲，所以它和物质可以发生作用；第二，在人没有意识的生命原初，就有潜能；第三，世界也有潜能；第四，潜能不占据时空，我们说一般的能量也不占据时空，所以这么一比较潜能作为一种无形质的存在是合理的；第五，潜能是一种可能性；第六，潜能可以与外界信息发生反应，外界信息就是现成的东西，是惯性；第七，潜能和惯性是一对对立的范畴，潜能就是一种潜在，在存在主义哲学意义上说就是存在。潜能和一般所谓的意识概念有所不同：一般所谓的意识是一种无基础的概念，而潜能则是以能量为基础，可以物化，也可以有自身的能动动力。

再者，我们人的潜能和整个世界的潜能具有息息相关的联系。人生就是一个小宇宙，宇宙包纳着我们，我们摄含着宇宙。这是因为，宇宙的潜能在自我展开时会留下一些关于自身信息的记录，而这在一定程度上被记录在人的基因里面，当人的潜能按照这个基因所提供的信息展开成生命模式时，宇宙便显现在我们心中。这是一个全息的观念。从传统的中国古代哲学来看，天人合一就是这种全息观，人生就是一个小宇宙。人是天地之灵、万物之精华。

我们还揭示了潜能不能对宏观物质发生作用的原因。因为，潜能的能量量值很小，所以它只能对微观物质发生作用，这就解释了量子测量中，为什么所谓的意识能改变量子客体，因为只有在极微观情况下，测量者潜能的物理效应才能显示出来，所以所谓的意识改变客体，只是潜能的作用而已。潜能发挥的最大功用是它展开的信息，而不是它的物理效应。人的行动是有目的的，这来自潜能对意义的展开，意义就是信息，而人肢体的运动，则是潜能在这种信息的指引下作用于肉体而使其运动，本质上，这也是微观层面上的。但是，潜能又和纯粹物理世界的能量不一样，在于其具有能动性，可以感知信息并在意义的引导下运动。

张载关学与潜能论

北宋五子，笔者独喜横渠先生张载。抛开张载的人格魅力不说，原因之一是就笔者对张载关学的理解，它和笔者的潜能论最为切近。另外，张载哲学最为缜密，最有系统，戛戛独造又能自圆其说。其著名的横渠四句"为天地立心，为生民立命，为往圣继绝学，为万世开太平"，鼓舞和激励了多少后世学人奋发进取、自强不息，使我国学术能够薪火相传、代代相承。张载自己不负此言，"我们可以用一句话概括张载的一生：思学并进，得智日新"（杨立华：《中国哲学十五讲》）。

介绍横渠先生其人其学的文章、著作很多，但能够在篇幅不大的情况下准确把握张载思想精义的作品未必很多。就笔者而言，笔者是在通读北大杨立华老师的《宋明理学十五讲》和《中国哲学十五讲》的张载篇之后，才略窥关学大义，不敢说入其堂奥，但确实心有所感。

了解张载哲学，要从张载的"太虚"和"气"说起，"太虚无形，气之本体，其聚其散，变化之客形尔"（《张载集》），"太虚不能无气，气不能不聚而为万物，万物不能不散而为太虚"（《张载集》）。在张载的观念中，"太虚"和"气"是两个很基本的概念，"无形的太虚与有形的气和万物同时并存，相互作用和转化，就形成了这个氤氲不息的世界"（杨立华：《中国哲学十五讲》）。张载很明确地指出，万物也就是形而下的器世界的本源就是气，在气之外还有一个无形无象的太虚存在。这里，我们要特别注意的是，"太虚"是无形无象的，而"气"则是有形有象的，笔者的理解，这里的"形"和"象"的有无，完全是由我们的感官界定的，可知可感的东西都是有形有象的，一个东西即便我们视而不见或听而不闻，但如果我们能够采用一定手段探测到它，那么它就是有形有象的。甚至我们的思想，只要能够用语言明确地表达它，那么它也属于"气"的范畴。而"太虚"则是完全不可知、不可感的，从根本上说，它不具有一定的规定性，所以不可以用语言描述，我们只能用间接的方式来推测它的存在（举个可能不太恰当的例子，现代物理学中发现的暗能量和暗物质，它们与正常的能量和物质不同，都是不可知、不可感的，科学家之所以认为它们是存在的，就是通过现有的关于宇宙学的物理理论从逻辑上来间接推测出来的）。

"太虚"和"气"如此相异，但按照张载所说，它们之间是可以转化的，这正是通过"清通而不可象"的"神"来达成这种转化。"神"是什么？神就是神妙不可测，是不能用语言去表达和摹状的。张载的神来之处在这一句"凡天地法象，皆神化之糟粕尔"，天地法象是由气凝聚构形的，也就是形而下的器世界，但这一切都不过是由太虚通过神化转变为气，再由气凝聚而成的。而张载又说："性通乎气之外，命行乎气之内，气无内外，假有形而言尔。"这里的气之外是指"太虚"，气之内是气本身。由此可见，气本身由"命"主宰，这个命可以认为是命运，具有因果决定论的意义。也就是说有形的器世界是决定论的，但是无形的太虚却不受命运控制，无形的太虚转变成有形的气是由神妙不可测的"神"来运化的，这不是一个决定论的过程，而"合虚与气，有性之名"，可见这个运化过程其实就是"性"的神通作用。张载又说："感者性之神，性者感之体。"所谓的"性"的神通作用是什么呢？就是"感"。这里张载的哲学和孔子的"仁"有了联系，"仁"者就是疏通知远，就是感应能力强的人，试问一个麻木不仁的人如何才能有"感"？张载把感分成了三种。"天地阴阳二端之感"，这是最普遍和必然的感应；"人与物蓦然之感"，这是人与物出于客形的狭隘之感；"圣人之感"，这是超越"人与物蓦然之感"而向"天地阴阳二端之感"回归感。张载认为，圣人是能够通天地万物之情的，所以对天地万物有真正意义上的感通。

这里，要说说潜能论和张载哲学的异同。潜能论也有两个基本范畴，"潜能"与"惯性"，"潜能"对应"太虚"，"惯性"对应"气"。潜能就是无规定性的、不受任何现成的规律约束的一种潜在；而惯性则是既成的、受因果律宰制的，可用语言描述的东西。与张载哲学不同的是，潜能自身就是神妙不可测的，而张载哲学则将潜能的神妙不可测的性能专门抽象出来，用"神"这个概念来表征它。张载的时代，科学没有如此昌明，因此，他肯定想象不到太虚和气可以归结为质能间的互化。潜能论哲学则直接与科学接轨，尤其在解释身心关系和意识的能动作用上具有独到性。所以从这个意义上说，潜能论比张载哲学更精微。

海德格尔存在主义哲学与潜能论

西方人的思维，爱从某个第一原理出发，然后一路推演下去，烦琐而细致。中国古人的思维，却大相径庭，古人的出发点在于求道，终于悟道，没有一个逻辑起点，因此就不会进行线性演进。西方人的思维，如滔滔江水，一发而不可收，根本在于追逐知识；中国古人的思维，如江海聚点滴，着意于求智慧、开悟，在于水平的提高。一个向外，另一个内敛。有人认为中国古代没有哲学，只有西人才有严格意义上的哲学。其实，西人之学，多是无根之学，中国传统哲学，才是注重传承的根脉之学。中国哲学，学者须入得其三昧，把握得不好，便是肤浅，所以，观今古求道人，故弄玄虚者多，不入流者亦甚多；西洋哲学中，虽亦不乏古奥抽象的义理，但大都是具体而真实的，懂便懂了，不懂便是不懂。从根本上说，中国哲学是深藏若虚，西方哲学是具体而真实。

在海德格尔之前，传统西方哲学主要停留在主客二元式的认识论模式，也就是说，传统西方哲学总是以纯粹静观的态度看待世界，客观且理性。客观指的是将自我和世界断成两截，对立起来看待。但是这种纯粹冷静客观看待世界的态度，却总不能对世界有个终极的理解，他们的智力延伸到哪里就把烦恼带到哪里。在西方，甚至关于人自身道德修养的问题也被抽象成一门客观的学问，如伦理学；理性则是指西方人重视逻辑思维，不太讲求直觉、灵感和顿悟。东方人讲悟，所要悟的道或理总是摆在那里；西方人呢，就通过智力的外延去寻找、去构建，最终获得的还是一个玄幻的世界。现代物理学的发展已经表明，绝对主客二分地看待世界在物理学内部已造成无法消弭的矛盾。而对于东方人，因为所要悟的那个道或理总是摆在那里，并且可以不假外求，所以人们只要静心诚意、躬身践行，就可以获得无上的不二的智慧，其根本就是悟道。

海德格尔的存在主义就是要破除传统西方哲学主客二元式的认识论框架，深入主体客体分化之前更深层次的原始境域里去解决存在问题。海德格尔坚持一生只关注一个问题，就是存在问题。存在问题是西方哲学中本体论问题。传统本体论探讨的是"存在者"，而不是"存在"，因而失去了对存在的把握。海德格尔则探讨存在的过程。传统存在论之所以没有真正追问到"存在"，是因为他们混淆了"存在"与"存在者"，把"存在者"当作"存在"来追问。"存在者"就是已经存在，或已经显示出存在的东西，既可以是事实之物，也可以是观念之物。因而存在者具有对象性，具有它可能的内容或规定性。"存在"并不是存在者，它不具有存在者所具有的对象性或内容的规定性，而只是存在者的存在，它是不可界说的（也就是无法言说清楚的）。海德格尔认为，追问存在的问题必须从人着手，因为只有人这个存在者能够提出存在的意义问题，能够领会存在；换言之，人与存在有一种特殊的关系，这种存在的特殊关系就是人的特殊存在方式。海德格尔将人这种特殊的存在方式称为"生存"（Existenz），而将人称为"此在"（Dasein）。因为人有意识，能够做出意向性行为，人除了能够意识到和领会自己的存在外，还能够发问，向其他存在者发问，向存在本身发问。所以存在的追问者就是"人"，人就是"此在"。海德格尔之所以将人称为此在，还有一个原因就是想强调他是存在论层面上的存在，或者说，是用人特殊的存在方式来规定人，以与传统对人的种种定义（如理性的动物、理性的存在者、劳动的动物等）区别开来。"此在"的"本质"先于他的"生存"，在这里，海德格尔要表达的意思是：人的本质是人属性的一部分，人这种"此在"与其他一般存在物之间的根本区别就是：人的属性不是现成的，是处于不断变化之中的。所以，我们可以根据第一个特征总结出以下几点：1. 人的一生并没有预定的、现成的属性；2. 人的一生充满各种可能性；3. 人将实现何种可能性，将之变为现实性，取决于其如何行事，取决于他自己的选择；4. 人的一生都在不停地塑造自己，他的一切皆可改变，这一过程将一直持续到其生命的结束。"这个存在者为之存在的那个存在，总是我的存在。"海德格尔的意思是：人的存在并不像其他存在物那样，是一个类属，每个人都是一个存在者。所以，我们讨论人这个"此在"时，不能一概而论，我们必须尊重人的个体性，认识到每个人都是不同的个体，每个人的存在都是个体的存在。海德格尔认为人在日常生活中具有公共性，所以他对"此在"的状态进行了区分，分为本真的和非本真的状态。1. 本真的状态，是"此在"的真实的存在状态，也就是一种个体的存在状态。2. 非本真的状态，是处于公众内的"此在"的存在状态，这个时候，"此在"的个体性被公共性所掩盖。3. 我们必须通过这种非本真的状态才能达到本真的存在状态。

在了解了"此在"的基本特征和存在状态后，海德格尔的下一步就要分析这个"此在"是如何"在世"的。海德格尔认为，人这个"此在"一旦存在，就必然要与外面的世界发生关系，他与世界是一体的。这时候，人要面对的就是世界上其他的"事物"和其他的"人"。他提出人的存在方式有两种，即"在世之在"和"与他人共在"。海德格尔眼中的"世界"，不是通常人们所理解的一切事物的总和，也不是我们实际生活在其中的那个物质世界或物理世界、文学世界意义上的世界。而是从存在论上将它理解为存在向我们展示出来的意义整体。世界是存在者总体的关系，人与事物的关系和人与人的关系，以及事物在关系总体中所显示出来的意义。海德格尔认为，在世界之中，所有人之外的其他事物不仅不是独立于人的，而且都是为人所用的，它们是作为人的"用具"存在的，也叫"器具"（也就是说，它们都只是人利用的工具而已）。海德格尔提出，在世界之中，有自我和他人，而人在世界之中乃是一种与他人的"共在"。之前在"此在"的存在状态中，我们知道"此在"分为本真和非本真的状态，因为人不可避免有这种非本真的状态，所以，人的存在注定要与他人共在。我们可以看到，人的日常生存样式或者说人的日常生活实践，构成了海德格尔对此在的生存论分析的基本出发点。在此意义上，他的基础存在论可以说是人类的实践存在论，它彻底结束了在西方哲学中几乎没有争议的理论知识优先取向，赋予人的生命实践以哲学的基础地位。

存在的基本点是：存在是在时间之中的存在。（所以海德格尔才取书名为《存在与时间》!）这从侧面反映了"存在的意义在于时间"。综上论述：存在是海德格尔哲学的核心，时间是存在的核心。时间性是此在的存在。海德格尔认为此在是一个"曾在—当前的将来"的统一体，这种统一体也叫"时间性"。时间又分为曾在、当前、将来=过去、现在、将来。因为时间性就是"此在"的整体性。

一言以蔽之，海德格尔的哲学揭示了存在是一种可能性，不是任何现成的、具有规定性的存在之物，而且，从根本上说，存在是人的存在，这就赋予了人的主体地位以及他的自由意志。而一切具有规定性、既成的存在物，只是存在由可能性向现实性的转化。这就击中了唯物主义的要害，也显示了海德格尔极其敏锐的洞察力。在海德格尔那里，科学和技术只占次要的从属地位，这就从根本上打破了西方世界由来已久的唯科学主义。我们还要注意，在海德格尔的哲学里，人的存在的基本结构是在世，世界和此在是一而二，二而一的，无所谓脱离人之外的世界，更没有所谓的客观规律。也就是说，不存在主客体对立的二元世界。存在主义之所以与胡塞尔的现象学挂钩，是因为其本身就有消解物自体和现象世界（来自康德）的区分。

我们可以看出，潜能论中"潜能"的概念对应海德格尔的"此在"，而"惯性"则对应既成的、有规定性的存在物。但是，海德格尔哲学对科学本质的解构很草率，认为科学技术只是人的一种筹划，这在一定程度上忽视了世界的客观性，这是相当不科学的。潜能论哲学将世界分为潜能和惯性两大范畴，消弭了主客对立的矛盾，给予了客观性一定的地位，这是需要读者深思慎取的。

玻姆哲学与潜能论

玻姆是 20 世纪杰出的理论物理学家和哲学家，他在物理学上最大的贡献是提出非局域隐变量理论，这个理论试图从决定论的角度来阐释量子力学，这是量子力学正统的哥本哈根解释之外的又一个全新尝试，其影响是直接催生了贝尔不等式的诞生。但是，因为隐变量理论本身并不复杂，又是非局域性的，违背狭义相对论，因此，被爱因斯坦斥为廉价的理论，在物理学界也没有得到足够的重视。然而，我们可以对隐变量理论的合理性存而不论，抛开玻姆对正统物理学的贡献，这里，我们专门来探究一下玻姆的哲学思想，就可以发现，玻姆是一个超乎群伦、跨越时代、极富洞察力的思想家。他的思想与物理学有一定的渊源，但不囿于庸俗的唯科学主义或还原论，在对物理进行极深研究的过程中，他体察到物理、人道和天道的相互关系，并将其升华为一个系统性的哲学思想，可以说，玻姆的哲学思想最接近东方人对宇宙人生的意识观照。

玻姆的隐变量理论是决定论的，但是玻姆哲学却远非决定论那样贫瘠，其中蕴含着整体论和生机论的思想光华，对现代人有着非同寻常的启示。我们首先谈谈玻姆最重要的理论之一隐卷序理论。"隐"的观念是玻姆思想中最重要的观念，我们知道，玻姆对量子理论的因果解释最初是通过"隐"变量这一概念来阐释的。玻姆认为，宇宙是一个活生生的、迁流不息的运动实体，并将这个总体的运动称为"全运动"，这个全运动中的宇宙构成了一切现象总的背景，物理学所探讨的物质现象只不过是全运动的种种亚稳态表现。这种亚稳态表现具有相对不变性，玻姆称这个相对不变的特征为"显展序",而停留在背景中的东西可以称为"隐卷序"。并且,全运动还有一个特点,它不在时空中描述,时空可以是全运动抽象出来的。"'隐卷序'(the implicate order),从字面上讲就是'隐藏、卷入的序',它是和'显展序'(the explicate order)相对的术语。"序处于不断的"卷入"和"展开"中,"显展序就是从隐卷序中展出的、呈现给我们的感官(或仪器)的事物的序。显展序有自己的特点。显展序中的世界就是'现象世界'(manifest world)。""在玻姆看来,隐卷序本身是自主、能动的,而显展序来自隐卷序,因此显展序是第二位的、派生的,只是在某种有限的领域才是恰当的。"(张桂权:《玻姆自然哲学研究》)(这里,了解张载哲学的人立刻可以发现,这里的"隐卷序"类似于张载的"太虚"这一概念,而"显展序"则对应"气"这一概念。也就是笔者的"潜能"与"惯性"。)按照玻姆的观点,在量子领域中,具有相对稳定性的"粒子"现象可以看作隐卷序(高维实在)显析出来的一种显展序,这符合玻姆关于量子力学的隐变量解释。既然隐卷序是普遍存在的,又怎么解释在日常经验中显展序(也就是经典力学描述的现象世界)总是占支配地位这一事实呢?玻姆说,在量子论的隐变量解释中,在大尺度范围内量子势相对很弱,可以忽略不计。类似的情形对隐卷序同样有效,隐卷序的微妙效应通常在经典力学层面表现不出来,在此界限之内,物质的行为归结为牛顿粒子的行为或者经典场的行为。

玻姆还利用"隐卷序"和"显展序"的观点来解释意识现象及身心关系问题。玻姆指出:"在某种意义上说,意识(我们认为它包括思想、情感、欲望、意志等)应该按照隐卷序以及作为一个整体的实在来理解。也就是说,我们认为,隐卷序既适用于物质(有生命的和无生命的),又适用于意识。因此,隐卷序能够用来理解物质和意识的一般联系,从中可以获得关于物质和意识的共同基础的某些观点。"在这里,玻姆提出了宇宙全息的一种整体论假设,和中国传统的天人合一理论不谋而合,宇宙中的信息以隐卷序的方式进入我们的大脑并转化为意识。更进一步,我们身体(大脑)中的所有物质甚至一开始就以某种方式包容了宇宙。因此，人就是宇宙的镜子，人就是一个小宇宙。玻姆的这一猜想已得到神经科学界的研究支持，美国脑神经科学家普里布拉姆（K. H. Pribram）对大脑结构的研究表明：记忆中的东西常常是被记录在整个大脑中，关于某一对象或性质的信息不是储存在一个特殊的细胞或大脑的某个特定部分中，而是有关的全部信息都被包容在整个大脑中。这种储存在功能上类似于一张全息图，但其结构更加复杂。如果意识的本源是一种隐卷序，它是一种超越物质的潜在能力就不言而喻了。玻姆还借此解释了身心关系问题：我们称为"心灵的东西（意识）"最终通过量子势自然地使身体运动。心灵中包含的信息进入量子势，量子势包含的信息使量子运动，从而使身体运动。由此，我们还可以解释量子力学测量中意识的参与会改变微观客体的问题，意识活动本身就是信息进入量子势的过程，虽然这种效应比较微弱，但量子势带有的能量足以改变微观客体。

潜能论在很大程度上是笔者受到玻姆哲学的启发而得出。

宇宙潜能论

笔者相信这个宇宙是有大生命的，这个大生命可以称为宇宙的无限潜能，纯粹物质界只是这个宇宙大生命的完全展开形式，而生物界正好像宇宙大生命的未完全展开形式，具有一定潜能，但是有限的。生命绝不是教科书上所言的，是碳原子、氢原子、氧原子、氮原子等在某种条件下经过物理、化学等作用复合之后，成为有机碳水化合物大分子从而逐步形成生命这么简单。纯粹物质界由宇宙无限潜能的展开而形成之后，就具有维持这种性状的惯性，即变成了僵化的、确定的、不具生命形态的、受物质规律宰制的形而下的器世界。我们的物理学就是描述这种器世界的。而生物界却不符合物理学的描述，这是因为生物界也是具有一定潜能的。

生物界具有生命，这种生命与宇宙大生命具有息息相关的联系，每一种生命形式都具有全息质，越高级的生命形式全息性越强，所谓的全息质是指每一种生命形式都能记载或反映宇宙整体信息的变化，人是最高级的生命形式，因此，古人说人就是小宇宙。

我们往往惊奇于物理世界的规律有那样严格的确定性，爱因斯坦说：这个世界最让人不能理解是它竟然是可理解的。其实，这种确定性无非来自逻辑和因果律，宇宙潜能在转化为可称为惯性的静态形式后，它则不再具有任何能动性，没有任何自由度，所以本质上，它是绝对受限的。

其实，一切可以进入语言的东西，即可以用理性思维的或有序的东西，我们都可以理解为惯性，是潜能的对立面，而不仅仅限于物质世界。在物质世界的规律进入微观领域后，由于人生而有限，我们必须借助宏观的感觉器官所建立起的概念（注意：该概念也属于语言范畴）去描述微观；而在微观情况下，这些宏观概念存不存在微观的对应物都是问题，所以关于微观世界的理论就自然具有不确定性，因此，量子力学是一种概率性的理论，而海森堡的不确定性关系更能够说明以上问题。

往往人们说量子力学中的测量会改变被测量的客体，在这里我可以给出一个解释，确实，人的意识决定人们的测量方式，而人的意识来自人自身的潜能，意识的选择性就是潜能自由度的表现，这个潜能是具有能量量纲的，它很微弱，且受到人思维中发出的信息的支配（在物理上，类似于玻姆研究过的量子势）。这种意识中潜能的存在，确实可以与微观客体发生作用，从而改变客体。而对宏观世界的测量，由于这种潜能的能量值很小，所以对宏观客体几乎起不到任何可观测的效用。

这里，要谈谈主、客观的统一。我们外在化的物质世界不过是宇宙潜能的一种展开形式，而我们内在世界是一种未展开的潜能的潜在形式。我们或许会疑惑，既然如上所言，物质世界和精神世界应是同质的（这里就隐含了主、客观的统一），那么为什么我们内在世界的潜能不能转化或影响外界的物质世界？我们可以用上面所提到的话来分析，毕竟精神或意识的潜能能量值太小，这就不足以对物质世界发挥显著的作用。

物质、精神、信息及潜能

在笔者看来，不具备潜在性特质的纯粹物质是不存在的，潜在性的东西变为现实性的东西必须接受一定量的信息，这个信息通过心灵或意识（意识或心灵是具有一定能量的）以量子势（玻姆提出的）的形式作用于潜在性的东西，那么这就能合理地解释为什么在量子力学中意识会影响到微观客体。潜在性的东西事先是无规定性的，所以它会在以意识为载体的各种信息下即时展开为各种形式，这就是所谓的量子态的塌缩。因此，因为微观客体具有潜在性的特质，这赋予了它能够有效选择信息而表现出各种形式的能力，在此意义上说，微观客体也具有一定的精神性。换句话说，是人的意识或精神同微观客体的精神一极的耦合作用才导致了量子测量的各种诡异性。

微观客体的精神一极也就是它具备的潜在性特质必须是具有能量性质的，因此，它才可以和测量主体的意识或精神（潜能——量子势，也必须是能量性质的）发生作用（耦合）。这也可以用来解释身心关系问题，意识如何能够使躯体运动，正是意识产生的量子势包含的信息使得量子运动，从而使身体运动。这个量子势由玻姆提出，由玻姆理论里的隐变量所决定。之所以量子势不能对宏观客体起作用，是因为量子势虽然具有能量量纲，但它的能量强度是极其微小的，不足以对宏观客体起作用。

议感官的作用

我们可以感知的一切事物都是有规定性的存在物,潜在是一种可能性,不是存在物,所以它具有多自由度,甚至无限自由度,不属于单一因果律的法则约束之内的东西。

客观性的来源是什么?感官将无形的潜能展开后,才有客观,也就是说无形的东西一旦变成显性的、有形的(属于惯性范畴),就意味着它必须接受一定法则的约束,这个法则具有客观性。潜能意味着生机,一旦在人的感觉器官中被展开,变成显性的东西,潜能就消失了,显性的东西意味着单一因果性,即死亡。

第二章
哲学之余

题记：

　　空将汉月出宫门，忆君清泪如铅水。衰兰送客咸阳道，天若有情天亦老。携盘独出月荒凉，渭城已远波声小。

　　　　　　　　　　——李贺《金铜仙人辞汉歌》

谈"空"

"空"是无生、无主。没有主宰，自己更不会有自主性。就好像一片云和一片云碰到一起，产生雷电降雨。这种生是因缘而生，并不是有雷公、电母行云施雨。佛说的一切现象界的事情都这样，并不是有个主宰刻意为之，也不是自己生出来的。所以，这种生就是无生，就是空，没有来由的，凡没有来由的，就是空，就是妄。

既然是空妄，为什么因果不空呢？

"万法皆空，因果不空"，"万法皆空"讲的是空性，"因果不空"讲的是缘起。不是除了"万法"以外还有一个"因果"，此二者是一个意思。"万法"的本性是空的，因果的作用是不会空的。因果的作用就是缘起，缘起是不会空的。缘法就是因果，因果就是缘法，只是用词不一样。

题外话：世界无所谓有序无序，它在没变成显性的时候，什么都不是，只有人对它进行测量，使它由无穷多种可能性变成一种可能性时，它才显示出有序。人的分别计度，是造成有序的根本。凡可言说的，都具有一定的有序性。

第二章 哲学之余

关于信仰

自在难得,难得自在。如果不自在了,干吗还去读书?烦恼自在一念之间,难,难,难!一个人如果被洗脑了,说明没有正见!若有正见,怎么会没有独立的自我?笔者要信一个东西,非得先把它搞清楚再信——笔者是指思想观念,特别是关系到自身的信仰问题。比如科学,笔者虽然没搞清楚,但从思想观念上信它。思想观念上,笔者知道科学非常严谨,所以相信科学。这涉及思惑和知惑的问题——知惑顿断如碎石,思惑难断如藕丝。思想观念上要信一个东西,那就一定把它搞清楚。信仰,不能被忽悠;观念,不能被牵着鼻子走。

比如,康德的哲学就有很多可信之处,康德毕其一生,穷其智慧,从不忽悠自己,也不忽悠别人,所以,他的很多学说是可信的。笔者虽然没有认真研读过《纯粹理性批判》,但知道一点儿他的学说,所以,对康德,我是信的,但囿于他所处的时代,肯定有局限性,不能因此就说不可信了。康德学说揭示了人类的理性是有误区的,向外逐求形而上的东西,总是寻觅不到,这是因为人类理性逾越不了从有限到无限的鸿沟。比如,佛家说的永恒的如来藏识,就是形而上的东西,人类通过理性根本企及不了。其实,中国传统哲学和佛教的路数都一样,就是想通过自身心的体悟,反躬内省,也就是以内证来见道。这一点,确实和西方的路数有很大不同。而康德的《实践理性批判》似乎意识到了这一点。

孤 独

修行的人，一旦破戒，各种欲念就如同洪水袭来，一发不可收拾；正如利用运动减肥的人，一旦停止运动，体重就会立刻反弹。逆水行舟，不进则退，哪有随波逐流快活？顺遂习气，便是俗人，做得了俗人有何不可？

孤独并不可怕，可怕的是不善于表达自己的孤独，一个人如果会描述自己的孤独，那是很好的。一个人完全能够和自己交流，借助自己的文字，反馈自身，审视自己，然后再形诸文字。这世间有自己存在就足够了，剩下的就是该如何独立自守。

人性善恶辨

我们对生命的审美决定个人的修养。当然，也不能绝对地说，认识不能纯粹客观地去认识，还应该包括审美情绪。对善恶的理解，其实是因人而异的，对美丑的理解也一样。所以，我们不能说人性本善或人性本恶。从根本上说，善、恶是两边，是由分别计度形成的。我们的情绪决定我们的生活状态，在各种情绪中，审美情绪最重要。

气质之学

西方哲学有通病，弊端在于看不到宇宙的生生不息之德。也许黑格尔的绝对精神或海德格尔的"存在"还算考察到了动态的宇宙，但他们的学说都不能沟通天人；而理学的最大贡献在于揭示了人有通天之志，因此，为伦理学和修身之道铺垫了理论依据。海德格尔的存在主义接近于人的学问，但是仍然有理障，这是因为西方没有儒家伦理学的传统。

其实，张载的哲学和笔者的潜能论有相合之处。张载说的"天地法象，皆神化之糟粕尔"，说明了有形的器世界只不过是神化的结果，变成了有质碍的东西，也就是糟粕。在笔者的潜能论中，潜能是无规定性的，类似于神，而有形的气皆是质碍，相当于惯性。"天地法象，皆神化之糟粕尔"正说明了物质世界不过是潜能（神）的展开（化），变成了有惯性、有形的、有质碍的东西。"感者性之神，性者感之体""性者通乎气之外，命者行乎气之内，气无内外，假有形而言尔"，说明人的皮囊属有形之物（气），总而言之，是受命控制的，但人性却不同，它可以感知有形之外的物事，可以有通天之志，甚至可以变化气质以改变命运。

关于主客对立

天地与我齐一，万物与我并生。我们从无限的整体中来，复归无限。既是无限，也就是说没有限制，没有限制即绝对的自由，既是自由，又何来命定？

这个世界的本体即无（无限），这个无不是绝对的无，而是真空妙有，真空妙有就是太极。太极者，无极而生，动静之机，阴阳之母也。太极是一个混沌（因为在现象界太极找不到一个对应物，所以不知道该怎么称呼它，强名曰混沌），它是什么，不能被我们的语言所表述，不能被我们的感官所觉察，它不属于现象界的任何物（概言之，既不是动，也不是静；既不是阴，也不是阳）。但是，当我们（从无限中剥离出来的主体）从主观上以某种属性去考察它时，它就显示出该属性的性征。这正像量子理论中出现的波粒二象性，对一个微观客体，如果我们从波的角度去考察它，它就显示出波的性征；如果我们从粒子的角度去考察它，它就显示出粒子性。所以，要说这个微观客体是什么？谁也说不清楚，说它是粒子，它不是却也是；说它是波，它是却也不是。太极的内涵更广阔，说它是静，它不是静；说它是动，它不是动；说它是阴，它不是阴；说它是阳，它不是阳。

由此，我们似乎可以为自然科学（特别是物理学）的本质进行纲领性的探讨。物理学存在的哲学根基是主客对立，即将世界断为两截，分割成为观察者（人）和物质世界（这种二分法从根源上说是一种谬误，但这种错误认知始终盘桓在许多共同体的意识中，这就是人类自身不能自知的症结所在）。公理假设是物理学赖以存在和发展的必要条件，一切公理假设都隐含主客二分这一前提，其中人们已不自觉地将二元论运用到它们的理论中，人们在提出理论后，剩下的就是观测，让理论和实验能保持高度一致。但由前一段的论述我们已经知道，这个世界的本质是一个混沌体，它会对人们对它的观测做出相应的反应，你从什么方面去考察它，它就会表现出什么方面的性征。公理假设界定了我们观察世界的路向，也就是说人们只会用从公理假设中衍生出的物理概念和物理量去考察世界，那么世界自然会表现出与此相关的性征，从这一点来看，其实这不过是人为自然立法（康德的话）。这之中仍有许多悬疑，其一便是这好像为理论增添了任意性这一庸俗因素，也就是说，这样一来，似乎不好的理论或任意一种信口开河（只要是关于这一世界的）就都具有合理因素或内核而存在实存的价值了。那么，我们怎么能只看到好的理论和实验吻合得很好？而坏的理论则肯定失败呢？这使笔者不由得相信，在世界的缘起之时肯定有一个原始的力量，他的一念将世界变成如此面目（当我们仰望星空之时，难道不能于冥冥之中感受到这种神奇的伟力所在吗？），致使我们的科学发展到现在只不过都是在窥视他的意志。

这里，我们可以将天地（世界）精神和人的精神统一起来说，世界和人存在的意义就在于他们是存在的，这个存在意味着世界是一幅动态的图像，而不是像物理世界（犹指宏观物理世界）那样是一个静态的、决定论的图像。这个存在包含无限可能性，而不是单纯的一种可能性，这样就给予了世界和人选择的自由，即自由意志。而且之所以世界的存在和人的存在能够相互统一，是因为他们的生命意志中有统一的因素存在，这个统一的存在不单纯是静止的、抽象的理，而甚至是一种共通的美感，是一种带有感情色彩的东西，因此才成为一种生命形式。

世界肯定有客观的因素。否则，我们生活在这个世间，连外界的世界都不确信，那该如何是好？但我们对外界世界的感知确实依赖于我们的主观感受。客观就是不依赖你的想象也存在。世界肯定有客观因素，如果不是这样，为什么人人都能见到同一个太阳。这里要借助康德的观点：主客观固然都存在，但是主观和客观之间怎么统一起来呢？如果世界不依赖我们的感觉存在，而是固有的外在，那么很可能连我们的感觉就是虚妄的，我们纯粹是一个物；如果世界纯粹是我们的感觉，那为什么所有人的感觉都统一？所以，这里康德找出了一条路径。他说我们的感觉里也有一个客观的统一的东西，就是时间和空间，也就是我们的先天直观形式。如果人人所感受到的时间和空间都一样，那么时空就是外在的、客观的东西。康德说还有个物自体存在，这不依赖于我们的感觉，但时空确实是我们内在的直观形式。对每个人来说，这个时空都是统一的。

但是，世界之所以有所谓的客观，只不过是它们都是过去式，也就是宇宙大生命和人自己的生命将无限种可能性揭蔽为一种可能性的存在形式——也就是存在者——的时候才有客观。凡是有形的存在者或无形的思想，只要它可表达，就变成显性的东西而成其所谓的客观了。

比如人工智能，人对外境的追逐本来就是妄执，机器只不过是妄上加妄。妄执就是理性思维。因为机器从本质上说是逻辑思维的产物，逻辑就是纯理性，没有感性色彩。这就是所谓客观。理性思维其实是无益的，它根本不能创生任何东西。创造需要灵感、顿悟，是从一个理性逻辑链条跨越到另一个逻辑链条。

自由意志与决定论（入门篇）

大家听说过拉普拉斯妖吗？

以前，笔者基本上是一个唯物主义观念很严重的人，现在笔者基本上放弃了机械唯物论，转向一种既非唯心又非唯物的立场。

纯粹的机械唯物论认为，世界一切现象包括生命、意识现象在内，都是受一个物理法则宰制的。世界只有一条因果链，这是严格的机械决定论。

但这种说法显然有内在的矛盾。首先，物理法则不止一个，到底哪个是世界的终极法则？

其次，说生命现象、人的意识现象都是由一个终极的物理法则支配也存在很大疑问。人们把生命体与机器相比较，把人与强人工智能相比较，可以看出，即便机器人也是同时受到逻辑法则（算法）+物理法则支配的，没有一定的算法，就不会有强人工智能，这个算法或逻辑法则显然不属于任何一个物理法则，因为即便终极法则，也无法包纳所有的算法，终极法则的数学形式也肯定是不允许的。

这样一来，就会将决定论排斥出局吗？显然是不可能的。如果把人类与机器相比，机器的算法和程序显然是因果逻辑体系，因此，即便将人和他外在的世界分离开来，人是人，外在世界是所谓的客观世界，客观世界由物理法则支配，而相比于机器，人也受到严格的因果法则支配，我们没有理由认为类似于机器的人是具有自由意志的。

现在问题来了，难道人真的是机器吗？

显然，人在许多方面是类似于机器的，人的大脑有记忆器官，相当于电脑的存储器，而且人的大脑中肯定也有类似于电脑 CPU 的结构模块，笔者对神经生理学不熟悉，但从强人工智能的角度来说，电脑类似于人脑是不言而喻的。

但大家有没有想过，电脑都是将 1 和 0 作为自己的逻辑单元的，而人脑存在类似的结构单元吗？有人说人脑有神经元细胞，但这显然与 1 和 0 是不同的，1 和 0 其实是语言的基元，电脑要发挥功能必将进行形式化，所谓形式化，就是将对象通过抽象的语言形式表征出来，无论是模糊不清的对象、混沌的对象，还是在现实世界中不可以用语言加以描述的对象都用语言（1 和 0）加以抽象，包括电脑的各种程序、指令以及需要处理的数据都无一不用到语言，把这种语言分解到最后，无非就是 1 和 0，因此，这个抽象过程或处理方式肯定不可能把要处理的对象的全部信息都毫无遗漏地表征出来。

况且，现在的电脑处理问题的模式还是经典模式，没有涉及量子模式。而我们不能排除人脑的一些功能中量子效应的存在。那么，现在已经有了量子逻辑，也有人想制造量子计算机来取代目前的计算机。但这些都不是问题的关键所在。

问题的关键是：我们的思维模式是否错了。我们把世界看成纯粹物质的和纯粹机械的，这本身是否就存在问题呢？对世界的认识，除了我们的感觉经验之外，不可能有其他任何一种方式可以直接得到，我们只有借助于五官来认知世界，除此之外，还有其他的方式吗？世界离我远去后还存在吗？我好像分明是存在的，我思故我在，我们有什么理由将我完全消解在物质世界中，这是彻头彻尾的机械决定论吗？这也是一切唯心主义哲学肇始的根源。

我们说机器有一点肯定不如人，就是人会创造、有灵感，但机器肯定是不会有的。笔者说得这样肯定，有笔者的道理。所谓创造，是无中生有，是以前未曾有过的，它不属于先前的任何一条逻辑链条。而我们知道，机器是根据既定的逻辑法则来运行的，包括它的算法、程序，等等，无非都是在一条严格的因果链上，机器是不会突发奇想而凭空产生一条不同质的东西或新的逻辑链条，因此，机器不会创造。一方面，人很像机器；另一方面，机器难道完全都像人一样有感觉器官存在，并可以来认识世界吗？世界是感觉材料的堆积，还是感觉、幻象，归根结底，一切都是物质的吗？

从根本上来说现在的所谓机器学习不会脱离以上所言的窠臼。除非，机器能够摆脱逻辑的制约，从无中生有。

既然如此，人比机器有优势，那么什么是创造因呢？克里希那穆提的思想很有价值且能够说明这一问题。

克氏的思想，简言之，认为我就是时间，有我就有时间感。时间感来源于什么？来源于思想，这里的思想就类似于机器所具有的和人的思想类似的思维功能。可以说思想就是时间，时间就是思想。有了思想就有了我执，只有无我，放下一切欲求和念想，也就是达到无我的境界，才能与宇宙大生命相契合，而宇宙大生命的功用就是创生。创造力由此而来。

这和佛教的三法印之一诸法无我是一致的，即《金刚经》上所言："过去心不可得，现在心不可得，未来心不可得。"

当然，克里希那穆提所说的时间感应该是生理时间感，而不能完全让人信服地说这种心理时间就是物理时间。克氏企图用人的外在化（而不是内在化的生活）来阐释物理时间和心理时间的等同，但没有说服力，克氏自己也有点含糊其词（所谓外在化，就是人都是追逐外境而生存的，而外境就是物理世界，由此得出心理时间就是物理时间）。

克氏无我思想可以自圆其说，但是难道和宇宙大生命契合就能够自由地创造，有了自由意志了吗？宇宙大生命本身有没有超越其上的更根本因素呢？

按照克氏的说法，因为无我，就没有了时间的概念，因此，宇宙的大生命是无始无终的，也是没有时间的。

大脑进化得再发达，不过是思想更精致，并不代表就有创造力，相反，没有过分运行理思的大脑，反而更有可能获得洞悉力。

杰出的量子物理学家、思想家和哲学家戴维·玻姆，大家听说过吗？他的思想更为诱人。说他的思想是20世纪最杰出的哲学思想一点都不为过。

单纯从量子物理的角度出发，我们可以说观察者和观测对象是密不可分的。实际上没有观测对象是客观存在的，观测这一过程的本身，必然会影响到观测对象。所以，宇宙本来是一体的、整体的，宇宙的每一部分都含摄了整个宇宙，这就好像佛教大乘经典《华严经》里的金狮子章。这就是全息宇宙观，如果大家学过物理，知道有全息照相这回事，就可以大致明白了。

这也是玻姆思想的出发点之一。

玻姆思想的核心是隐秩序和显展序。物质实体和精神实体本来无二，都是一个高维的实在（其根本可能是能量）的低维投射。

玻姆认为物质与精神就像磁体的两极一样绝不能分开，在物质的每一层次都还有精神的一极。

为什么会这样呢？玻姆用他的"意义"理论作了解释。玻姆认为，意义（meaning）是人、人类社会、自然、整个宇宙存在的关键因素。也可以说，意义就是存在，存在就是意义。意义和信息（information）密不可分。物质和精神都只是能量（energy）的存在形式，而它们的真实内容都是意义。在每一个阶段，意义都是这两个方面（指物质和精神）之间的纽带和桥梁。他指出，计算机、DNA、电子这些现象是在意义通知能量后产生的。由此看来，物质不是死的东西，不是像相互驱使的台球一样的东西，相反，物质的结构和形式是能通过能量的活动意义来组织的。

从根本上来说，这既不同于唯心论也不同于唯物论，这个思想还提出了一个更为新鲜的概念——意义（信息）。但这样一来，意义从何而来？它是否具有主动性或能动性，因而有了自由意志？

总体而言，笔者认为主客对立的二分法是不对的。一旦有主客，就有对我的执着，因此就执着于理思，而丧失了洞察力。

佛教说妄立能所，妄心所执，所以有了能所，也就有了主客对立，这个妄是无因而生的，因为如果有原因就不是妄了（有原因就是还有理由可循的意思），这个无因很有意思，既然无因，那么就没有决定论，那就有了自由意志。但是，这里的问题是，你怎么知道这就是妄？这一说法不是凭空而来失据了吗？

也就是说，如果你找不到这个妄的原因，不代表它就一定没有原因，说不定有个更深层的原因呢？就好像有些时候，我们自以为有了自由意志，其实不过是由前因决定的一样。

如果这个妄是完全随机的，那么我们又有什么真正的自由意志可谈呢？自由意志应该是有意义的，不是由随机因造成的。所以我们也不能说这个妄一点意义都没有。

自由意志与决定论（提高篇）

决定论从根本上摧毁人类的自由意志，它实际上就是绝对的因果律，世间一切都受因果律宰制。因果律是存在的，这个无法否认，尽管西方哲学有休谟等人试图努力推翻它。但是，我们应该看到，因果律是与人类的语言相关的，因和果都是概念，没有概念就不称其为因果。凡是合逻辑的、有序的、可以言说的，都是合乎因果律的。

那么这个世界上有没有非语言可以描述的，不具有规定性的东西存在呢？笔者认为是有的。用一个东西作为类比，如量子力学里微观客体的波粒二象性。作为一个姑且被称为微观客体的东西，它到底是波，还是粒子？它依赖于人们对它的考察。这里又可以提及太极的思想，太极者，无极而生，动静之机、阴阳之母也。太极是动、是静、是阴还是阳？它什么也不是，但它又什么都是，这也取决于人们对它的考察。这个太极，就是一种语言无法把握的、无现成规定性的东西。它可能就是一种潜在，这个潜在类似于海德格尔存在主义哲学中的"存在"。而这种潜在就是笔者说的潜能，任何有序的、合逻辑性的、用语言可以描述的，其实只不过是潜能的展开，笔者称之为惯性。也就是说，合因果律的，只不过是一种惯性。用张载的话来说，就是"天地法象，皆神化之糟粕尔"。人的意识也是一种潜在，所以有一定自由度，尽管其是有限的。这是笔者对决定论和自由意志的一般认识。

可以引申的是，宇宙也存在一定的潜能，所以说"天地法象，皆神化之糟粕尔"。天地法象是指一切有形的、有象的，也就是"气"，或者说形而下的器世界。这个器世界，是受因果控制的。张载说，"性者通乎气之外，命者行乎气之内，气无内外，假有形而言尔"，这个"命"指的就是因果律。但人性却不同，它可以感知气之外的无形甚至无象的物事，可以有通天之志，甚至可以变化气质以改变命运。

从生灭观看决定论

笔者现在发现,很多人的心理都有向决定论倾斜的趋向,反正笔者是不相信决定论的。因为这样一来,人们只承认世界有灭,而否认世界有生。其实,世界不过就是生灭而已,既不能否定生,也不能否定灭,所谓生机不是决定论的。假使世间一切都受限于因果,那就毫无生机可言,那不是决定论也是决定论。决定论的世界观就是一切都是由因果决定的,因果都是可用语言描述的,但不是所有的一切都可以用语言描述。比如,无限这个概念,用语言怎么把握?无限这个词的词根本来就是说没有限制,没有限制就是自由啊。你如果说没有自由,就得承认无限是不存在的,那样自由才不存在。有人说:"浩瀚星河无垠,但我们确实不自由,我们是有限的,感知有限,思维有限,行动有限。"但我们有相对的自由,为什么不把自己与宇宙一体同观地看待呢?其实,破除决定论不需要很高深的学问,只要我们承认,这世间有生有灭就行了。

谈自由、随机、有序、无序等问题

　　这个世界本无所谓有序无序，凡语言可表达的都是有序。无中生有，正是体现。无序是人们的一种想象，既然无序，怎可以捕捉，怎可以用语言描述？无序，即什么都不是，所谓随机性，要是你真能捕捉到，它就不是随机的。自由意志，所谓自由，就是存在各种可能性。人最自由，虽然自由有限；物最不自由，所以受客观规律宰制。无限就是自由，无限就是无。

　　我们不要把这个世界当成对象来看，好吗？我们生活在世界中，世界就是我们，我们就是世界。我们有没有序，我们有没有无序？我们就是世界，世界的意义就是它的存在，我们的意义也是我们的存在。我们肯定存在有序的一面，我们一旦变成有序的，那么就是现成的、既成的了，就成为过去式了。关键在当下，我们有没有序？我们的自由就是我们存在的意义，自由有没有序？自由不存在有序无序，因为它有多种可能性，还没有成为现实。它其实啥也不是，但又啥都是。

简单、复杂与难

笔者觉得人还是应该有从简单到复杂然后再回归简单这么一个发展历程才更圆满，处世的原则不要太多，几条就行。生活上也不要奢侈浪费，力求简朴。本来就处在一个复杂的社会，如果自己也变得那么复杂，会不会太累？

越简单的事情，你如果坚持做了，就越不简单。复杂的学问，明白了就觉得极简单。道理千千万，但总有人说大道归一。简单和复杂看起来相悖，但其实是对立的统一体。

简单的反而更有序，复杂的反而更混乱。是否可以说，能够从复杂中看出简单就是一种极高明的智慧？同样，从简单中看出复杂，是否也是一种大智？所谓的看破、看淡、放下，是否就是由复杂臻于简单？为道日损，为学日益，是否正好说出了复杂求简单和简单求复杂两种不同的生命模态？西方的艺术刻意写实，是否复杂得有点拙劣，有悖于天道？而东方的艺术则重浑朴、写意，是否离道更近？

打破清规戒律，摒弃一切仪式，并不是心中没有戒律、没有仪式感。活，这个字，就是由复杂臻于简单，就是自由自在。任何人身处复杂之中都不可能自在的，所以，这应该是有些有名位的人反而特别向往简单生活的原因。至于如何简单，其实很简单，就是放下，不过那是对能担当得起的人说的。

简单总结一下，笔者认为对人而言，简单就是自由自在，复杂就是不自由、不自在。笔者想单纯从理性出发由复杂变得简单没那么容易，由复杂到简单靠的是悟！领会！理性使人变得复杂，所以理性不一定都是好的；灵感和顿悟是创造力的源泉，是启发生机、打开自由之门的钥匙，所以人在现实生活中，固然要活得认真，但也不要忘了像禅者那样对生活幽默一些，达观自在一点。

其实，人还有许多陋习，比如有的人容易受欲望支配，有的人容易受懒惰支配，我们说的受到支配就是不自在和不自由，就会搅扰到种种因果轮回中去，生命因而受限，生活变得复杂。克服这些陋习就需要人的自律和自持，这些看起来很简单，但对意志力薄弱的人来说，却非常难。所以，简单的反义词不仅是复杂，它还有一个反义词叫难，但是难和复杂都一样，是使你困惑、使你不能保持自我的东西。

谈谈相对真理

哲学应该是自由开放的，一切学科都应如此。中国古代的文化固然保守一些，但主基调是生动的，它倾向于对最高人格的追求，有"虽不能至，然心乡往之"的意味。一种文化一旦定为一种格式，就趋于形式化，变得保守起来，就好像老奶奶的裹脚布，这样便失去了美感。只有时变时新，在不同时代却发出不同的光彩，才体现文化精神的不灭。这样，文化中固然有糟粕，但瑕不掩瑜。

其实，看古人说理的书，应多体味其中光灿灿的义理，而不应局限于对辞章的考辨，一部《论语》，后世对它的诠解多如牛毛，而发展成经学的不过就是孔门的几部经典。现代人有多少人用心读过《论语》？我们不要忘记，读书的根本目的在于明理，《论语》备受推崇，肯定在于它有深刻的内涵，排除那些因文附义的诠解，《论语》的精神真的为现代多数读《论语》的人把握了吗？我们不能只关注其形式，如只把《论语》看成文学作品是极不妥当的。古人说，半部《论语》治天下，我们固然承认思想是流变的，没有一成不变的东西。但前提是，谁都得先行了解这相对不变的东西，这就是真理。

人人都仰慕真理，仿佛真理在手就有了力量。但是，说真的，人虽然是万物的灵长，但是很有限的动物，把握真理的可能性不大，能知道一些相对的真理就很不错了。很多人会执迷不悟，到死都坚持自己得到的所谓真理，这其实并不可悲，自负居然心安理得地骗了他一生一世。很多人有所谓信仰，但信仰果真都是真理吗？笔者看未必。那么，既然真理在人的手中都是相对的真理，那真理又有何意义？如果一点都不信真理、都不追求真理，人生不过是虚度年华，一切都是虚无主义。不论什么事物我们都要观其内涵，不能只看表象，这句话说起来容易，谁能做得到？

明显地，有很多存在的事物是有其存在理由的，这些存在的理由就是它延续精神或者生命的依据。宗教也有其存在的理由，宗教是有其合理内核的。一般宗教肯定掌握了一些相对的真理，真正能使它统御人心的可能就是这些相对的真理。禅宗老和尚的开悟，必定是有所得的，这些心得肯定不是一般人能领会得了的，所以又陷于神秘。

现在还回到真理，真正历史遗留下来的经典，震古烁今的学说都是掌握了一定相对真理的。欣赏艺术作品，要看里面的东西和门道，这东西和门道就是它的精神内核。不管怎么说，如果东西不在了，徒留外表，那最终就是灭亡。比如太极拳，已经濒于失传，但有人问：练太极的人太多了，怎么会失传？练太极是有一定门道的，以前的说法，得名师传授，资质不错，最少也得苦练三年才能入门。入门是有严格标准的，这里面就是讲求内核的东西。中国古代的各个行业，都讲究师授法，三百六十行，行行出状元。追求里面的东西，便是中国古人把握相对真理的一种方式。

第二章 哲学之余

人和机器

现在谈谈人和机器的区别。有人说人和机器没本质区别，只是构成机器的质料有差别而已，机器是硅基，人是碳基。我们对上述问题的最有力回应应该是什么？有人说：整体大于部分。有人说：机器无意识，人有意识。但这些都不足以反驳人是机器这一观点，要反驳这种错误的观点，我们不能单纯地论心，因为这些人会认为心、意识只不过是物质的附随物，他们是纯粹的机械唯物主义者，那就必须从唯物上破。这种机械唯物主义其实是非常顽强的，它盘踞在很多人的心里。我们很难对一个机械唯物主义者说，我们人自身与一团物质有什么本质的区别。要说服他们，必须让他们先对纯粹的唯物观念产生疑惑。如果人只是一堆物质，那么机器发展到一定程度，完全可以成为"人"，但就现在机器的运作模式而言，机器肯定取代不了人。因为，机器在物理上基本上用的是经典机制，除了二极管、三极管等的物理原理用到了半导体理论——与量子物理相关，但它们的算法和逻辑仍然是经典的一套，不涉及量子算法。而大脑运作的机制还没有被完全揭示出来，但肯定会比机器经典算法复杂得多。还有人身上每个细胞的染色体里都包含相同的基因，这是全息的，目前的机器不过是机械结构的组合，没有基因。所以，从物质结构上看，人和机器就存在很大的差别，但这不足以摧毁唯物观。

其实，世间存在显性和隐性两种势力。人是显性与隐性的结合，而机器则纯粹是显性的。人可以发育生长，机器则不能。人的发育生长就是隐性向着显性的不断展开，而机器则为纯粹显性的，不存在这种由隐及显的过程。机器的逻辑是完全显性的，所以，我们如果知道它的运作机制，就完全可以预测它的一切行为，这是完全决定论式的；而人的生长发育，则不是这种显性逻辑的运作过程，他的自由度要大得多。

其实，不光是人的生长发育，人的很多特点都显示了他是从隐性向显性的展开。人可以创造性地思考，而创造是无中生有，这是机器的纯逻辑思维实现不了的，因为理性的逻辑起点包含了它的全部外延。

批科学主义

笔者既没有唯心，也没有唯物，只是从实际的现象出发来说机械唯物主义的不足。笔者说唯物主义实际上是解释不了人的生长发育现象的。一个婴儿从心智一块白板到长成心智具足的成人，我们不能从纯粹物质演化的角度来说明这个过程。现在人们发展了很多理论，试图来解释复杂现象，但如果还是从物理角度入手，基本上是没有答案的。为什么？世界是很难对付的，你也许能揭示它的一个侧面，但认识不到它的全体。就笔者的认识而言，西方任何科学都是盲人摸象。物理学、生物学、生理学都是对这个世界的表象认识，而且也不可能完全地统一起来，人对这个世界的认识始终是支离破碎的。归根结底，这些科学研究都是将世界作为一个静态的、僵化的对象来处理，试图让世界在逻辑上与人的理性认知保持一致，这是痴人说梦。科学是理性万岁，所谓理性就是可用语言表达，具有有序性和逻辑性，符合因果律。在笔者看来，这个世界不合理性的现象俯拾即是，科学是解释不了一切的。我们的语言是有界限的，比如创造性思维，在一种新质的东西还没有产生之前，就不存在它的概念，只有它从一片混沌中析出时，才能建立清晰的概念，而没有概念就不存在语言。所以，理性不是创造性思维，而且对创造性思维几乎不起作用。

元 气

人的潜能用尽，就是死亡。机器能不能有生命？按照笔者的观点，机器是不会有生命的，因为机器没有潜能，机器纯粹是逻辑产物。潜能就是人的元气吧，或曰元神。元气也就是太极，太极是动静之机、阴阳之母，所以说太极包含动静、阴阳的可能性，但其本身既不是动，也不是静；既不是阴，也不是阳。元气越充沛，感应作用越强，也就越有良知，越近于仁，为什么果实的内核都称为"仁"，就是因为它们是种子，都元气充沛。麻木不仁，则无感，就越趋近于死亡。仁，就是感应作用，能够推己及人就是仁。孔子曰：己所不欲，勿施于人。是也。

精神与肉体

人的存在不仅是肉体，还有能与其发生相互作用的精神，比如，当一个人被一种精神力量所支持，他就会变得容光焕发、充满力量。这种精神力量是无形的，不局限于时空之中。这个精神力量具有能量的性质，因此可以与肉体发生质能转换。当肉体破败不堪，不能受用这种精神时，这种精神力量自然退去。由此，我们可以说，人不只是局限于形体的生物，还是万物灵长，可以与宇宙精神相往来，还可以吸收各种各样的精神要素来充实自己、完善自己。人其实是一个综合要素的复合体，自我意识的形成只是因为人躯体的存在而造成的。人和精神并不是互为依存的，精神，不在这个徒有其形的时空之中，时空只是宇宙精神的显性展开。一个有形体的时空只能容纳具象的山河大地、日月星辰等，且被占据后就无法容纳它物，这类似于物理学中费米-狄拉克统计分布；宇宙中的精神却是可以超越时空交叠存在的，这类似于物理学中的玻色-爱因斯坦统计分布。恰巧，物理学上的费米子刚好是有质量粒子，而玻色子如光子却没有静止质量，其实就是只具有能量。所以我们说中国梦不是虚无缥缈的，我们需要正能量也是真的，正能量就是精神力量。

关于梦

其实，做梦这个现象值得好好研究。在梦中，我们不需要感觉器官来感知外界，但我们的梦境中却能出现类似于外间世界的现象。这些现象好像是由我们的感官经验提供的，但其实不然。有人由此就说人生是大梦，一切唯心变现，不存在所谓客观世界，笔者认为这是不对的。但做梦至少说明，我们的意识或潜意识有构造一个现象世界的能力。这个现象世界，不一定符合物理规律，比如在梦中人能飞起来，御风而行。在梦中很多经验都是违背常识的，有些梦可能比较荒诞，但总体而言还是具有一定的逻辑性，日有所思，夜有所梦。梦中的东西虽然皆是幻象，但至少说明人的潜意识活动可以是独立的，我们不需要感官支撑也可以进入一个光怪陆离的世界。诚然，肉体（感官）是我们感觉活动的载体，但由做梦这个现象可以表明感觉这个东西并非完全来自感官，在梦中有些感觉经验也是真真切切的，比如我们没有用眼，但在梦中却能出现清晰的图像。那么，这个世界真有可能是个幻生幻灭的假象吗？我们是否真的活在梦中呢？笔者觉得不大可能，在梦中，我们得不到任何客观性的东西，而在现实世界中，客观性的东西却大行其道。

笔者认为对梦境合理的解释不是所谓依据现代科学建立起来的心理学。笔者不否认客观世界存在的真实性，但如果都依据现代科学，就有失偏颇，我们对外间世界的认识，可以说都只是来自我们的感官经验，我们有什么理由说我们的感官经验都是千真万确的？当然，世界的存在有其客观性，这种客观性可以将我们不同的感官经验统一起来。在梦中，却不是这样的，我们的梦境世界不是客观存在的，因此，这给了我们潜意识自由驰骋的空间。也就是说，我们醒后面对的是客观的物质世界，而我们在梦中有一个让潜意识能够自由展开的空间。我们醒后，利用的是肉体这个物质载体感知世界，而在梦中，我们的潜意识会脱离这个物质载体而"逍遥游"了。

其实，这个物质世界纵然是客观存在的，也不过是宇宙精神从隐性到显性的展开形式而已，用张载的话来说"天地法象，皆神化之糟粕尔"。隐性，意味着不测，意味着无规定性和无限自由度；显性，则意味着单一自由度，受因果法则支配。人也一样，人的潜意识是隐性的，人的活动就是将潜在的意识逐渐外化成显性的思想和具体的存在物的过程。

客观世界

佛教认为所谓的客观世界是不存在的，现象世界只是心识的变现，这就是所谓的"万法唯识"。外在世界对于不同的观察者总是表现出相当客观的一致性和统一性，我们不能说这是众生的共相和共业，这种严格的客观性对所有观察者来说是平权的，我们看到，解释客观世界的科学理论都非常精确，而且对所有物质性的存在都适用，从这一点上来说，不能怀疑我们外在世界存在的客观性，也就是说，客观世界是存在的。

但是有人会问，科学理论虽然精确无比，但用波普尔的哲学来看，都是可证伪的。科学理论总是逃脱不了被一种新的更精确的理论所取代的命运。不同的理论描述的是同一个对象，那么有没有一个终极的理论可以作为描述客观世界的终极性真理，也就是说它和它所描述的对象世界完全符合，因此可以作为一切理论的终结者？笔者认为，终极理论是不存在的。下面笔者来申说一下理由。我们说，一切理论都是概念的复合体，概念作为理论的基本单元，被逻辑编织以后就形成了理论。我们再仔细分析一下概念是什么？概念只不过是感官经验对对象世界的抽象化析取，人们把从现象世界得到的经验认识都赋予概念。因此，概念总是离不开感官经验，所以具有一定的主观性，而作为概念复合体的理论因此也带有了主观性。人类的感官经验总是受限于人自身的感觉器官，因而感官经验是有限的，因此理论都是有限度的，我们有时候可以制造更精巧的仪器来延伸我们感官的限度，但最后的观察结果还是必须落实到我们的感官上来。所以，感官经验的有限性决定了所有理论必然都是有限性的，不存在所谓的终极理论。

我们现在可以举个例子来说明感官经验的有限性，那就是量子力学中海森堡的不确定性原理，为什么观察者不能同时准确测量微观客体的位置和动量？在宏观世界中，感官经验告诉我们，要确定一个宏观物体的运动状态，必须同时知晓它的位置和动量，这没有问题。但是在微观情况下，为什么以上结论就不成立了呢？如果你能精确测量微观客体的位置，就意味着你不能同时精确地测得其动量，你对它位置测量得越精确，对它动量信息的获知就越不准确；反之亦然。我们说，位置和动量的概念，来自我们的感官经验，而我们的感官总是宏观粗大的（排除有特异功能的情况），而在微观情况下，位置和动量的概念能否成立都变成了一个问题，现在拿我们的感觉器官来观测微观是否就存在着无法逾越的困难了呢？当然是。但是，我们要了解微观世界，还必须用我们的感觉器官，因为认识世界的工具只有我们的感觉器官，除此之外，别无他法。所以，我们用感觉经验去认识微观世界必然得到的是一个不完整的、不确定的信息和知识。

回到前面所论及的，笔者承认客观世界是存在的，但是难道客观世界就是世界的总体存在吗？如果是这样，人这样的一种生命形态将如何安放在所谓的客观世界中？笔者的看法是，宇宙是具足精神的，具有生生不息之德，而客观世界只是宇宙精神（潜能）的一种显性展开形式，用张载的话来说就是"天地法象，皆神化之糟粕尔"。宇宙潜能是形而上的、隐性的、动态的、具有无限自由度的，客观世界只是宇宙潜能由无限自由度运化为单一自由度的结果，它是一种形而下的、显性的、静态的、具有规定性的存在。即笔者所提及的广义的惯性式的存在。我们试图去解释和描述的客观世界只是这种规定性的存在。人也是具有一定潜能的，它可以看作人的精神意识现象。这样来说，宇宙和人这种万物的灵长都是有生命的，他们的相互感通就是中国古人所说的"天人合一"。

暗能量暗物质

从科学角度来看，哲学确实没有多大意义。如果科学把人的存在全部解构了，那哲学将更没有意思。科学行吗？科学不行。科学是和有形质的事物打交道的，对无形的潜在，科学无能为力。现在科学中又出现了所谓暗能量暗物质，这又是新的纠结。它们的存在不是实验能直接观测到的，而只能通过推测。而且有一千个研究暗能量暗物质的科学家，就有一千个理论。暗能量暗物质是在感官感觉之外的存在。由此，笔者对科学能够解释它们没有信心。这里其实就给予了哲学思考的空间，和人一样，科学解释不了。

科学要借助实验，而暗能量暗物质是不可能由实验来触及的。笔者认为人是一种潜在，那么我们没理由说宇宙不是一种潜在。潜在具有一定自由度和目的性。潜在本身无一定的规定性。就人而言，潜在就是意识。如果我们说宇宙也存在一个意识流，那么不难理解有天意，也赋予天人合一这一理念以合法性。有人觉得劳动（忙）是人类摆脱宇宙精神枷锁的解药，笔者不这么认为，而认为儒家的价值理念"仁"恰恰是解脱之道。唯仁者能通，感而遂通。麻木不仁是不会通的，也不会有中国式的领悟。仁者无敌，内圣外王。人生在世不过一场修行，修什么？理学家重视"诚敬"二字，即想通天理、人理、物理为一。吾道一以贯之。仁的最大特质就是推己及人，广义的理解就是由此及彼，所以能贯通彼此。"忠恕""诚敬"无非就是求仁。求仁的工具无非感，唯感方能应。

第二章 哲学之余

感觉的实质

笔者现在认为感知的实质是一种投影作用，人的感觉器官（眼、耳、口、鼻、舌、身）相对于所谓的客观世界而言，不过是六个维度的坐标系。所以，我们用科学来描述的物质世界，也许只不过是世界相对于我们存在的维度，只是某个潜在的东西在我们感官世界的投射，用我们感官将其展开，我们的感官就是坐标系。这就像一个三维的点粒子的坐标可以用x、y、z分量来描述一样，各自代表我们的感官的一维。潜在投射到我们的感觉器官，就成了我们对世界的印象，说到底，我们感官认识的只是世界的表象而已。

如果我们认识的物质界只是我们感知感觉的表象，那么，在现象界背后有没有一个康德所说的物自体的存在？抑或如佛教所说，一切只是心相虚幻不实的变现？科学确实说明了物质的作用，并且科学一直在说物质的相互作用，如果没有物质作用，就没有物理学，但科学的根基还是倚恃概念，概念的根源来自人的感觉，也就是说我们只是依靠感觉来认知所谓的客观世界的。在量子论中，这里的矛盾就显示出来了。我们试图用概念说明一个速度和位置不能同时确定的客体，这就是矛盾。所谓的基本粒子就是如此，它的速度和位置就是不能同时确定的，而且它可以自生自灭，把这样一个矛盾的东西当作物质的基元显然不合适。

应该说，感官是有序的一种度量工具。凡有形有象的东西，就包含一种有序结构，皆可以用感官来衡量。而对于无形无象的存在——这种存在本来就是未定形的，更谈不上是有序的，是不是就一定不能被感官感觉到了呢？笔者觉得，这里要把感觉的"感"和"觉"分开来说吧？"感"是对客观世界的反应，具有一定客观性；"觉"则属于意识的范畴，具有一定的主观性。恰恰是"感"和"觉"能够相互结合，人们才能对这个世界万象作出反应。有感才能通，这个感就好像儒家所说的"仁"，麻木不仁则无感。举个例子，物理上有个法拉第电磁感应定律，说的是无论什么原因，闭合回路中的磁通量发生变化时，就会在回路中激发感应电流，感应电流的方向恰恰是它产生的磁通量用来阻碍原来磁通量变化的趋势。笔者觉得用这个物理来分析一般的人理甚至天理都很适合。人们和外界事物打交道，总会有"感"，外界的刺激总是试图改变人们，但人们天生都具有惯性，所以，对这种外界刺激都会发生本能的排斥或反抗，这就是"觉"。那么有没有顺随之觉呢？笔者以为，顺随之觉就是第二反应。因为人毕竟不是物，是有理性的，通过理性的判断，可以作出非直觉的第二反应。这样一来，感觉是什么似乎就好理解一些。比如，孟子说见孺子落井，第一反应是起了怜悯之心，但如何处理此事，就落入第二反应了。

"感"和"觉"如何相互结合，是一个耐人寻味的问题。物理学上，也有自感和互感效应。在这里，恰恰可以寻来作类比。自感现象，是自身回路电流的变化引起磁通量变化而导致回路自身产生反抗这种变化的感应电动势，而互感则是由于外界回路电流的变化引起的相应的感应电动势。自感就好像一个人本身多愁善感，所以自己随着自身这种情绪的变化而产生的反应，而互感则缘于外界环境的影响导致的人的反应。这个物理现象似乎也说明了，感觉的"感"和"觉"是一体的，好像是一种体用关系。有感则必有觉，有觉则必有感。

说到底，感觉就是人对变化的一种反应，如无变化，则不存在感觉。但是，变化都是对有序结构发生改变的反应，如外界本来就是无序的，或者即使有序但感知不了，那么根本就不会有感发生，也不会有感觉发生。为什么感觉会对变化作出反应？这就回到了笔者前面提到的，感官是一种参考系或坐标系，它会对有序、无序进行度量或者衡量。而且，感觉是对惯性的一种维护，这里说的惯性是笔者在潜能论中提出来的，是指有序性。

生生之谓易

笔者的观点，凡是能生的东西都具有一定的精神性。物质最没有精神，因为它不能生，所以它也最不自由，受到自然规律的约束。人是最能生的，最自由，但也受到约束，所以也是相对自由。这个能生性，用一个概念来衡量，就是潜在，也就是笔者之前说的潜能。宇宙肯定是能生的，这就是《易经》所说的生生不息之德。天行健，君子以自强不息。生，自然是无中生有，因此就是一种创造性。无不是绝对的无，而是一种没有规定性的潜在。因为没有规定性，无类似于佛家所说的空。无其实就是太极。太极是动静之机、阴阳之母。它既不是动，也不是静，但寓含了动与静；既不是阴，也不是阳，但寓含了阴阳。太极就是混沌未开之际的宇宙本体，太极的彰显就是道，所谓一阴一阳之谓道。笔者的观点，不是指宇宙大爆炸，宇宙大爆炸是纯粹从物理上来说的，没有包含精神因素。按照笔者的意思，太初之际，正是潜能的势用最强之时，因为那时候，一切都还不具有规定性。

心诚则灵

想向大家请教个问题，心诚则灵有没有道理？我们说通过《易经》占卜能预测未来，是否未来就是已确定的、不可变的了？还是未来是由内在的心念和外在其他力量共同决定？笔者倾向于第二种观点。心诚则灵可能指的就是人的感应能力，所谓"同声相应，同气相求"。当人通过主观愿望想达成某事的时候，如果人的愿望非常强烈，心念又比较坚定而不狐疑，有可能在这种情况下，天地间凡是具有灵应的物类都来相助，所谓愿力广大。圣人之所以神圣，就是能够感通万类，使天地同力。孔子说"仁"，仁就是感通能力，如果一个人麻木不仁，那这个人的同情心就很差。孔子影响了中国几千年，在东亚形成了一个文化圈，难道不是他的感化能力所造就的吗？

论克邪

如果人心头升起邪念，该如何克服？邪念人人都有，有知识的人甚至邪念更多。把邪念隐藏得深的人，很多都是文化人。笔者认为，正邪与人的天性有关系，后天修养往往不足以遏制邪念。所以，判断人是正是邪，应该看当下，因为当下作出的反应是从人潜意识里出来的，潜意识就包含了人性的正与邪。如果，经过思考之后再做出的决定，就不是那个本人了。

君子不器

子曰:"君子不器"。器者,各适其用而不能相通。成德之士,体无不具,故用无不周,非特为一才一艺而已。

——朱熹

这段话耐人寻味。

这个"通",靠的就是仁,麻木不仁自然不能相通,能够感通万物,贯之以道,须得有诚敬之心,而诚敬的根底在仁。

修身之道,最难的是破除习气,须知这习气是惯性,惯性就是惰性,抑制人潜能发挥的罪魁祸首。习气破了,气质自然就改变了,心量也就不同了。所谓积习难改,习气之为习气,蔽塞人心,久之人不仁也,无感通力也。人禀性之中的邪气难破除,却也不难破除。学能贯通,正气从之,自然邪不能侵。所以,如想破除邪气,还当从破恶习开始。

禅

范洪义老师说思考问题踌躇时，好比坐禅，并叫笔者以此为题写一文，笔者真是一筹莫展。

想一想，自己一向认为受中国传统文化的浸润很深，然而对中国传统文化中出现的一些关键词并无深入的了解和体认，如"道""禅""太极"等。所以笔者不得不上百度临时抱佛脚，去查一下到底什么是"禅"。百度言"禅——是人类锻炼思维生发智慧的生活方式"。又以平时无事时对"禅"的道听途说，笔者所知道的禅首先是打破思维定式、不合理性和逻辑的一种东西——现在笔者很喜欢用"东西"这个词来指代不可言说的，但有内容、有实质的对象，笔者绝对相信"禅"是有内容的。那么，禅到底有什么内容？是个什么东西？笔者说不清楚，只是依自己的经验模糊地认识到：理思不是解决所有问题的唯一手段，理思表现为有秩序、合逻辑，而禅就是要以一种幽默的方式打破这种秩序和逻辑，同时激发人们内在的思维潜能，激活人们内心的灵性，总而言之，禅是一种顿悟，实现它需要灵感，它绝不同于理思。结合自己所知道的再深一步思索，笔者意识到禅是一种对自然界一切的普遍体认方式，它超越了生命界和无生命界的界限，是对自然人生的一种普遍觉悟，这便是禅者智慧的高明之处。由"见山是山，见水是水""见山不是山、见水不是水"到"见山还是山，见水还是水"这样一个递进式发展过程，禅者将本我与自然界的对立观念提升到融本我与宇宙大生命于一体的逍遥境界，使机械、僵化的主客分别转变为活泼的遍周宇宙、其乐融融的一种物我两忘的生命状态，这便是禅者的觉悟。这里很容易联想到量子力学，因为在量子论的哲学中，正是意识或观察者的自由选择创造性地决定了我们观察的内容，这里已没有主客对立、截然二分的二元观念了。范老师提到的思考问题踌躇时好比坐禅，笔者想是有深意的。通过上面对"禅"的分析，笔者认为坐禅的目的无非澄思静虑、打破二元执念，无分别心，以达到与自然合一之境。我们思考问题时不也是心中寂静、澄念为一，以达到生发智慧的理想境界吗？

当一个人自然融合、浑然无迹时，这便是禅境。

"参禅"与"悟道"

"悟道"和"参禅"有没有区别？"道"是什么？"禅"是什么？笔者认为"道"和"禅"是统一的。禅家言：直心便是道场。这句话深有内涵。"参禅"的根本在于能够放下。过去心不可得，现在心不可得，未来心不可得。无所得故，故无挂碍。参禅在于应机接物，无所不利。能在当下情境，作出最佳的选择和判断。这有点像《易经》的占卜，占卜者和解卦者如果心念纯而不杂，至诚至敬，就能灵验。就是这一念灵明，存乎一心，往往最能应机，所以直心是道场。于电光火石之间、间不容发之际，直截了当，做出行动。所谓的"道"也就是这种主观能动性，主观的判断须臾之间灵明不昧，这是在任一瞬间都能摒弃各种烦恼和欲念的结果。所以就能随时随地地把握阴阳，提挈天地，感通鬼神。这和参禅的效果是一样的。以一心御万化，以不变应万变，神明存焉。用笔者的潜能论来说，"悟道"和"参禅"就是摆脱一切惯性，让潜能能够最大自由地发挥。

西方哲学与中国哲学

　　西方人的思维，爱从某个第一原理出发，然后一路推演下去，烦琐而细致。中国古人的思维却大相径庭，古人的出发点在于求道，终于悟道，没有一个逻辑起点，因此就不会进行线性演进。西方人的思维，如滔滔江水一发而不可收，根本在于追逐知识；中国古人的思维，如江海聚点滴，着意于求智慧、开悟，在于水平线的提高。一个向外，另一个内敛。有人认为中国古代没有哲学，只有西方人才有严格意义上的哲学。其实，西方人之学，多是无根之学，中国传统哲学，才是注重传承的根脉之学。中国哲学，学者须入得其三昧，把握得不好，便是肤浅，所以，观今古求道人，故弄玄虚者多，不入流者亦甚多；西洋哲学，虽亦不乏古奥抽象的义理，但大都是具体而实的，懂便懂了，不懂便是不懂。从根本上说，中国哲学是深藏若虚，西方哲学是具体而实。

第二章　哲学之余

康德哲学及其他

人对世界的认识，离不开感觉器官。用佛教的说法，感官有六识：眼耳鼻舌身意。而我们的感觉器官都是宏观粗大的，不能深入微观。但我们对世界的把握，却离不开这些宏观的工具。世界，在时间上曰世，在空间上曰界。我们对应空间的感觉是眼识，对应时间的感觉是意识。对于世界或时空，康德引入了一个概念叫作先天直观形式。（康德的认识论是从感性开始的。他认为，直观是感性的功能，是对象直接与感性相关联并直接作用于感官的感性认识活动。直观的基本特点是直接性与单一性。康德主张从感性中除去感觉，知觉等作为材料的东西，最后留下感性的纯直观形式。康德认为这种形式是先天存在于心中的，所以称先天直观形式。它是容受感觉知觉并把它们安排在一定位置与序列之中的纯粹空间与时间形式。康德说："如果从物体观念里除掉知性对于物体的思维，像实体、力、可分性等，也除掉属于感觉的东西，像不可入性、硬、色等，那么从这个经验直观还会剩下一些东西，就是广延和形状。这些属于纯直观，即使感官没有任何实际对象，或没有感觉，纯直观也作为感性的单纯的形式先天地存在于意识里。"康德认为，这种先天纯粹直观是我们人人必然而普遍具有的感性形式，是使我们的感性认识存在的先天条件。——这一段摘自网络）在这里，康德并没有把空间归结于眼识，时间归结于意识，而笔者却做了明确的划分。对不同的人（观察者）来说，时间和空间在宏观上是统一的，也就是对宏观事件的位置和运动的观测有一个统一的标准。那么，我们要问，外在世界是不是出离我们感觉之外纯粹客观的呢？我们说，外在世界本来什么都不是，因为我们的观测才显示出相状。那么，为什么很多人观察到的外界世界是一致的呢？比如，我们都共同拥有一个太阳。这是因为，既然所有观察者在时间和空间上是统一的，那么我们没有理由说我们可观察到的世界是不一致的。也就是说，我们同处于一个世界中，并且时空对所有观察者来说有共同的形式，在这一点上是平权的。

我们描述世界需要工具，也就是物理学。对于宏观世界，我们说要认识一个物理对象，就要确定它的状态，也就是要确定物体的位置和动量。位置的确定，是眼睛的功能，也就是取决于眼识；而动量的确定，则是意识的功能，物体运动的快慢取决于意识在时间意义上的观察。我们在宏观上观察世界，无非确定物体的运动状态及其演化情况，世界对我们显示出的规律性（比如牛顿力学法则）是确定性的，为什么呢？因为我们描述的是宏观，而世界也的确以宏观的形式出现在我们的眼中和意识中，世界作为一个隐性的东西在宏观层面上被全部揭示之后，在这一层面上就成为一个既成的确定性的东西。同时，对世界的揭示，我们也只能止于宏观，因为我们的感觉器官就是宏观的，位置和动量等概念完全是建基在宏观粗大的感觉器官之上的。对微观层面的揭示，比如量子力学，由于我们没有能够全部地揭示，所以是不确定性的。量子力学要解释微观，还必须借助宏观的物理概念，比如位置和动量，因此，它不能完全解蔽微观世界，所以才有不确定性的引入。也就是说，世界的确定与否，完全依赖于我们对它的考察方式，从宏观的层面考察世界它就是确定的，但是在微观层面我们找不到与世界相应的概念，还必须借助宏观概念来考察世界，因此，世界就是不确定的。在空间的微观层面，位置和动量这些概念就不能适用了，因为对于极细微的，我们的眼睛根本就无法分辨空间位置和位置变化情况，所以这时候位置和动量这些物理量就被相应的算符所取代，但是时间观念在意识中始终没有变化，仍然是一个参量。因此，在量子力学中，时间不是算符。那么为什么在相对论量子力学中，位置和时间又都变成参数了呢？这是因为此时非相对论量子力学中的波函数又变化成经典场量，又可以被宏观感知了，所以这时位置和时间又都变成了参量。那么，现在有个问题，量子化究竟是如何产生的？为什么存在一个h拔？为什么存在测不准关系？这可能是眼识和意识的不可同步性造成的。

世界上，越高级的物种越自由。人是最自由的，其次是动物，再次是植物，纯粹物质界最不自由，因此受到物理定律的严格宰制。自由，就是没有被解蔽的意思，也就是潜在。

胡塞尔

现象学的根本目的是用胡塞尔独创的现象学手段还原本质以及世界的本原,他采取的现象学方法无他,就是利用意识的直观,所谓直观,就是"看",不需要经验和理性的推导,为什么直观能够直达本质或本原?因为按照胡塞尔的观点,现象是呈现在我们意识中的一切东西,现象中既包括感性的经验也包括本质,而直觉或直观就是"看"自己的主观意识,那么观察者就能从自己的主观意识中直接地看到本质。怎样才能看到本质呢?意识中的东西那么杂多,如何区分本质和非本质?按照胡塞尔所说,本质是最一般的现象,它不同于具体的现象,这些现象浮现在我们的意识之中,我们必须明白的是,对于意识中的一个事物,如果增加或减少这个事物的某个属性,事物本身的性质没有发生改变,那么我们就可以认为这个属性是非本质的,反之,如果事物的性质发生根本改变,那么这个属性就是本质的。如此,胡塞尔认为通过这个途径就能发现事物的本质。也就是说,对本质的还原,胡塞尔认为必须抓住纯粹的和一般的现象这两个特征。而对世界的本原,胡塞尔认为,世界的本原就是"先验的自我",正是这个先验的自我通过意识活动构成本质。那么,什么是先验的自我?这就要说到柏拉图的理念世界。柏拉图认为,理念世界是存在于真实世界之外的一个纯粹客观的世界。而胡塞尔的先验自我,就是柏拉图理念世界在人这个主体身上水晶石般的附体的存在,它站在世界之外,而且具有构建性(由意识活动去构建),因此,它才是世界的真正的本原。因此,胡塞尔看上去像一个主观的且是一元论的唯心主义者,但本质上,他这个先验自我的存在,使他更像一个客观唯心主义者。

海德格尔存在主义

理解海德格尔存在主义哲学，首先要意识到在。海德格尔的哲学分为前期和后期，后期思想接近中国传统思想里的天人合一。海德格尔前期思想认为在只是此在（人）的在，而后期则认为在是世界的在，人只是在的邻居，是在的看护者。过去，我们只对存在者感兴趣，而忽略了存在本身。之所以说海德格尔哲学是主客观统一，是因为他没有去区分主、客观，世界因我而在，我因世界而在。在就是活动，具有无限种选择和可能性。在总是先行于存在者本身，因此在时间意义上说，它是将来；而当在通过某种选择实现了自身，自身成为既成的东西之后就变成存在者，成为既成的东西，在时间意义上说就是过去；而我们无时无刻不依附着在，在时间意义上说，就是现在。

我们说世界因我而在，那么我不在世了，是否就不存在世界了？海德格尔前期哲学就认为我不在了，世界也不存在，因为我的在就是世界的在，从这个意义上说，我不在世也不复存在。因为世界之所以是世界，就因为世界是在，对土木瓦石，它们没有在的意识，也不会思考在本身，所以，也就不存在了。究其质，海德格尔认为世界本身就是在，这不等同于主客二元论者所谓的客观存在的外在的自然界。但是，这也是有问题的，我们很难想象我不在了，世界就是虚无。所以海德格尔后期思想就认为，世界本身就是在，而人（此在）只是在的守护者，是在的发现者和澄明者。

总的来说，海德格尔的哲学就是发现在的哲学，其实说白了就是认为我们宇宙中有一种潜在的无形的力量，这个力量不是来自某种神祇，而是自身具有，它就是在，世界的本质就是在。海德格尔的哲学之所以能够使二元对立统一起来，就是把人的主观意识和所谓的外在世界都统一为一个本质——在，而不是存在者，如果是存在者，那么就存在有形的物质和无形的意识的差别，人们很难把这种有形和无形统一起来，所以就存在二元对立。如果从存在主义的角度看则不同，不管有形还是无形，其实都是既成的、显性的东西，是过去了的，没有选择自由的可能了。

归结起来，还是中国的天人合一思想最健康、最有活力。领悟在之所以在，就需要我们反躬内省以领悟在。天命就是在，人心的活动也是在。人与天地合辙，就是最大限度地发现在、发现真理，并澄明它。

谈数学、因果律及意义

数学是一种发现还是一种创造？那么语言是一种发现还是一种创造？而数学是不是语言？如果数学都不是语言，那什么还能叫语言？虚无缥缈的灵魂你见过吗？或者这个虚无缥缈的灵魂你怎么来描述啊？灵魂需要载体，难道虚无缥缈的灵魂就是数学所谓的本质吗？语言就是符号系统，数学也不例外，它也是一个符号系统。只不过这些符号系统可以随着理性或逻辑思维任意演绎。你如果没有1这个符号，你怎么能说1+1=2？然后是逻辑使然、理性使然。逻辑理性本质上就是因果律，宇宙间恒定不变的。只有在这一点上，可能变易不了。因果律就是因果律，它是导致一切有序的根本因。说来说去，数学是语言，语言是创造，所以数学也是创造。最根本的，说数学就要涉及概念，而概念不是人创造的是啥？

但因果律虽然存在，在人它只属于理性范畴，人类的思维完全可以从一个逻辑链条跳跃到另一个链条，人是有自由的。人有灵感、创造力、顿悟，都不属于理性思维。

那么，"意义"和"语言"，哪个先存在？在文学上，意境是指其包容的信息量大，并非专有所指。专有所指才是意义，那就必须涉及语言。这里，我说的信息量大是指可以从各种层面理解它的意思。所谓的现象，当人们感知到它的时候，它就变成一个确定的东西。

科学的误区

我先前以为，当我们对微观世界进行观测时，我们的意识会对微观世界发生作用，因为，这里隐含着这样一种认识，微观世界仍是一种实体性的存在，相对于我们的意识主体它还是一种客体，具有一定的形式、状态和规定性。通过这几天看书，我意识到我原来的想法可能是错误的，我现在的认识是：所谓的微观世界本无规定性，它只是一种潜在，只是因我们的观测（这是由我们的意识决定的）而展现出一定的形态，它本身不具有任何形式或规定性可言。或者说，我们的意识和感官对它才有了规定，这完全是主观的，我们的观测结果并不是对它内禀的客观性的表征。这样，所谓的微观客体和我们的意识主体完全是统一在一起的一个整体，不存在意识之外的微观客体，意识和物质不必断为两截。更进一步说，整个世界不过是一个未分割的整体，当意识自身试图脱离这一整体性的存在时，也就是它试图从意识和物质的两极中独立出去时，这种主客二分导致的结果就是它只能看到世界的破碎的、不完整的图像，因此，无论如何它所能认知的只是也只能是表象世界，这就是科学的误区。

第二章 哲学之余

根本之学

　　我们谈认识，认识总是要有对象的，这样一来，势必有主客二分之嫌，但我们又必须这样认识，自我作为认识主体必须要从世界背景中析离出来。

　　我以前以为，哲学是根本之学，无须谈论物理学问题，哲学必然包容一切自然科学，但现在看来，恰恰物理学上的相对论和量子力学为哲学打开一扇视窗。虔诚的佛教徒一般不喜谈物理，他们认为佛法是根本法，但摆在眼前的问题是，佛法如何对治比较客观的自然科学。佛的智慧在三千年前绝对不会想到今天会有物理学，更谈不上佛对相对论和量子力学早有说法这一问题。现在有很多人总是用佛法来套用物理学，其实这些人头脑也是一团糨糊。不过在当今，物理学如果现在继续走还原论或机械论道路，那可以说就已经走到绝境了。只能说，三千年前的世界观包括我国的《易经》和佛家思想都包含了智慧的种子，这些种子或可为现在自然科学的困境找到一些出路。

理论的局限性

就我的认识而言，这个世界一切皆流、万物皆变，这种观念类似于佛教的"诸行无常"，人们创造概念是从动态的世界中捕捉静态的对应物，这是一种孤立的、主客对立的、二元式的态度，用存在主义的话语来说，它势必将存在（动态的）与存在者（从动态世界中析出的产物）混为一谈。而一切物理理论正是建立在对概念的因果缔合和组织上，因概念而建立起来的理论体系则是对现象世界的一种抽象，它总是不完备的，具有一定的僵化性、破碎性和机械性。对世界总体的认识只不过是对世界的一个表象，非但物理理论，一切理论包括达尔文的进化论和赫胥黎的天演论都具有局限性，它们不会是一个全面的、绝对的、永恒真理性的认识。但是，我们不能否定这些理论的意义，我们观察世界的角度（具有一定的相对性）决定了我们对世界将如何规划，在这里科学研究和技术都在这种规划中获得了意义，也就是说，一切理论，都带着我们的面孔。

第二章 哲学之余

关于量子力学

我虽然是学物理的，但我不是正统的科班生，知道的不多。我大学学的是应用物理，后来做材料物理，再后来才做一点关于量子力学方面的小理论研究。

量子论，肇始于普朗克的能量子假设。19世纪末，物理学的天空中出现两朵乌云，一个是迈克尔逊－莫雷实验，本来是想观测以太的，结果从干涉零条纹实验现象上判断出根本就不存在以太，这是第一朵乌云。另一个，就是黑体辐射问题。人们在研究黑体辐射时，按照当时的物理学，在理论上总是得出与黑体辐射的实验谱线不相符的结果。于是，普朗克就凑出一个公式（在当时没有任何理论依据的情况下），而这个公式恰好和黑体辐射曲线相吻合。后来普朗克发现，如果利用当时已有的统计力学知识来解释这个公式，非得将能量假设为一个一个分立的能量子才行，这对于当时的人们而言却是不能接受的，因为能量是连续的观点，在其时已经深入人心，所以，普朗克自己也认为能量子很荒诞。注意，能量子的概念不仅是破天荒的，而且由此也引出了一个重要的物理学常数——普朗克常数 h。所以，量子就这么诞生了。

然后，爱因斯坦出场了。他在对光电效应的研究中，引入了光量子的概念，成功地解决了经典物理解释不了的有关光电效应的一系列问题。但是，对量子物理而言，爱因斯坦最大的贡献是他第二个把量子从魔盒中释放出来了。所以，爱因斯坦1921年获得诺贝尔物理学奖不是因为他发现了狭义和广义相对论，恰恰是因为光电效应。其后，爱因斯坦又用能量子假设用经典统计力学定性地解释了固体比热在低温下趋于零的现象,而按照传统的物理固体比热应该是一个常数。这样,量子从魔盒中被释放出来以后,就通过这些理论和实验作为放大器不断地放大自身,直到最后,人们再也收服不了这个妖怪。

这里,有必要介绍一下卢瑟福的原子结构模型。原子结构在以前人们是不知道的,汤姆逊勋爵是最早发现电子的物理学家,人们也发现物质结构中存在电子。但是,汤姆逊等人认为原子结构是葡萄干模型。卢瑟福的α粒子散射实验否定了他的结论,并证实了原子结构是电子绕原子核运动的模型,而这正好为下面玻尔的氢原子轨道模型埋下伏笔。

人们早就发现氢原子光谱总是分立的,但解释不清楚谱线为什么是分立的。这时,年轻的玻尔已经在卢瑟福的实验室工作许久,没错,这个人最后成为量子力学的教父级人物。玻尔的氢原子轨道模型以卢瑟福的原子结构模型为基础,并提出了几个基本假设,玻尔的几个基本假设是什么呢?①定态假设;②频率假设;③轨道角动量量子化假设。当时的背景下,这的确是天才的想法。玻尔认为,原子中的电子轨道也是量子化的,原子中只可能有一个一个分离的轨道,每个轨道对应于一定的能量。因为电子只能从一个轨道跃迁到另一个轨道,所以,电子的能量不是可以连续而任意变化的,电子跃迁时释放和吸收的能量也因此无法连续变化,只能是一份一份的。电子都在确定的轨道上运动,在不同轨道跃迁时会发出确定能量的光子。而且原子中电子绕轨道运动的角动量 L 必须是普朗克常数的整数倍。这三个想法这么大胆,完全出人意料,而这又是多么了不起,居功至伟。而且,这么一来居然把氢原子的光谱公式直接推出来了。玻尔提出氢原子的定态模型后,除了爱因斯坦,物理学界已经无人能与他比肩。他等于把传统物理学从圣殿中请了出来,如果他愿意,他随时可以登上这个王国的宝座。但是,相对来说,玻尔还是比较谦逊的人,他后来真正起到了"但开风气不为师"的引领作用。

氢原子模型得以比较精确的解决,但是氦原子呢,其他更复杂的原子呢？用氢原子模型套用就不行了。这时候轮到海森堡和薛定谔出场了，海森堡是德国人，1901年生；薛定谔是奥地利人，1887年生。

氢原子光谱的谱线结构已被玻尔理论成功解释。但是，氢原子发光还涉及发光强度，也就是谱线的强度，这是玻尔理论无法解释清楚的。另外，比氢原子复杂的原子波尔模型也不适用。海森堡和玻恩是学生和老师的关系，他们在一起就研究原子光谱强度和谱线结构的问题。矩阵力学是海森堡提出的，主要由约尔丹、玻恩、泡利、玻尔发展。海森堡利用原子辐射出来的光的频率、强度等这些直接可观察量，并以比较简单的线性谐振子作为提出新理论的出发点，这样，通过傅里叶级数展开就间接得到了电子在原子中运动的轨道模型。按经典力学，任意一个单一的周期性系统其坐标可用傅里叶级数展开，也就是利用数集坐标 $Q_{mk}=A_{mk}\exp(i\omega_{mk}t)$ 来表示满足原子光谱的组合原则。并且，海森堡认为电子在原子中的轨道是观察不到的，但是从原子发出来的光，如它在放电过程中发出来的，则我们可以直接求出其频率及振幅，而知道了振动数和振幅的全体，那就等于知道了电子的轨道。由于这个理论里只应接受可以观察的量，所以在海森堡看来，很自然只有引进这个整体来作为电子轨道的代表。因此，海森堡对玻尔的旧量子论提出了怀疑，他指出："……电子的周期性轨道可能根本就不存在。直接观测到的，不过是分立的定态能量和谱线强度，也许还有相应的振幅与相位，但绝不是电子的轨道。唯一的出路是建立新型的力学，其中分立的定态概念是基本的，而电子轨道概念看来是应当抛弃的。"也就是说，物理上对光谱的观察时可观察的量只有频率（就是光的颜色）和振幅（光的强度），但是，你不能深入原子去观察原子中电子的轨道，也就是说不能像经典物理学那样确定原子核的位置和核外电子的位置。但是，通过对光频率和光振幅的观察得出的数据之后，通过某种乘法法则就可以间接地推导出所谓的位置。其实，在微观情况下，宁可要放弃位置和动量的概念才对。因为，即便通过这种乘法，得出的与位置和动量对应的量不过是矩阵。矩阵在量子力学中就是算符，矩阵的乘法不对易，也就是 AB 不等于 BA，与矩阵对应的算符也是不对易的。在量子力学中，位置和动量我们只能用算符来代替，也就是只能用矩阵来代替。要理解量子力学，首先要理解什么是量子态，什么是算符，什么是表象。

先不说这些，再说海森堡，从奇奇怪怪的光的频率和光强的观察数据中，总结出一套关于矩阵的量子理论，被称为矩阵力学。后来人们才知道，这一套理论只不过是算符和量子态在能量表象下的结果。而此时，奥地利人薛定谔再也按捺不住了，在海森堡发现矩阵力学后差不多不到一年，他立马就搞出了一套波动力学理论。波动力学的发现合理地描述了氢原子的光谱，并且能解释比氢原子更复杂的氦原子光谱。波动力学玩的是什么把戏呢？薛定谔早就注意到经典力学中有个哈密尔顿－雅可比方程，这个方程里有一个莫培督作用量 W。薛定谔就把这个莫培督作用量变了个形，$W=i\hbar \ln\psi$，W 是莫培督作用量，i 是虚数单位，h 是普朗克常数，ln 是自然对数。这样一变形，并把这个式子代入哈密尔顿－雅可比方程中，巧妙就出来了，哈密尔顿－雅可比方程立刻变成了后来著名的薛定谔方程，ψ 就是所谓的波函数。

说到这里，我们稍微停一下，谈论另外一个问题。到底是海森堡厉害，还是薛定谔厉害呢？海森堡是在实验数据的研究中发现矩阵力学的，而薛定谔是从理论上直接推出薛定谔方程的，看起来薛定谔更厉害。其实，我认为海森堡更厉害一些，因为，海森堡发现了量子力学的本质，即不对易性的特点。而薛定谔倒像一个投机者，只不过在对经典物理做了一个比较巧妙的变换就成功了。海森堡付出得更多，对量子力学根基的建立起到了决定性的作用。现在，大家都知道波函数来自薛定谔方程，而其实这个波函数只不过是量子态在位置表象的投影而已，最根本的是什么？仍然是量子态。波函数的意义在于它的模方代表空间某点处发现粒子的概率是多少。

这时候，该狄公出场收拾局面了。我说的狄公是指狄拉克，这个人年纪比海森堡还要小一岁，但是我最佩服他，好多学物理的人也最佩服他，他是个绝对的天才，杨振宁先生说他的文章是"秋水文章不染尘"。狄老通过一番推演，居然把矩阵力学和波动力学神奇地统一起来，也就是说，两者居然是一回事。而且，更要命的是狄公发明了一套表述量子力学的数学语言形式体系——狄拉克符号。狄拉克符号，就是由量子态、算符、表象等奇奇怪怪的概念组合在一起的幻方。在狄拉克符号的意义上，矩阵力学只不过是算符和量子态在能量表象下的表示，因为能量是分立的，所以它呈现出矩阵的形式；而波动力学只是算符和量子态在坐标表象的表达，由于位置坐标是连续的，所以它呈现出解析式的形式。后来，狄拉克也构造出一个以自己名字命名的方程——狄拉克方程，这是相对论量子力学的。

测量问题

宏观世界是我们可知可感的，我们还为宏观世界建立了一些概念，比如粒子的状态，我们要确定它就引入了位置和动量的概念，但是到微观世界，位置和动量这个概念就存在问题了，它是宏观世界的产物，却被我们借用描述微观，所以就产生了很多歧义纷呈的效应，比如量子力学的测不准原理，对一个粒子，你越能准确测量位置，那它的动量就越测不准。但是，由于我们的感官宏观粗大，我们又不得不借助于描述宏观世界的概念，比如，量子力学中必须引入动量、位置等力学量，否则我们根本就没法来描述物理。其实，在微观世界，受我们主观意识控制的测量发挥着很重要的作用，测量不同于在宏观世界，不会改变我们要测量的客体，相反，它会使客体塌缩到一个确定的态，就是说测量使客体的无限多可能性转变成为一个确定性的东西。其实，我们只要在感受世界，就时时在改变着世界。

至于微观世界为什么也会用确定性的数学（量子力学）来描述，这是一个很大的问题。因为，既然说我们时时在改变世界，那为什么世界还存在这种确定性？我们对世界的认知除了通过感官经验获得，再没有其他途径了吧？如果纯粹唯心去看，好像世界确实不是客观存在的。但是，对世界的认知，我们又可以借助数学工具，并且所有人通过数学工具获得结果都一样，所以，这就是一种客观，所有人都一样，就意味着不随主观意识的转移。我认为对外境的感觉和判断，确实需要感官，但自己心内的感受，却不一定依赖于感官。用佛教的说法，外境的形成是众生的共业，但好像没有说服力。

我们可以发现一个很大的问题，就是一旦那个东西实存了，可被感知了，可被我们控制了，变成确定性的东西了，那它就可以用数学来描述了。我们对微观世界，只是间接地感知到了一点，所以尽管我们可以用数学去描述它，但却存在一些不确定性，比如，波函数就是概率性的。这里的宏观世界也是通过人的感官得来的。宏观世界对应着我们粗大的感觉器官。只要能被我们感官感知的，变成既成东西的，都是变成客观的，可统一用数学描述的。工具的感知，只不过是我们器官的外延，最后还是落实到我们的感官上。其实，人的感觉器官尽管存在差异，但基本上是统一的。在物理学上，工具固然不是感知，但最终还是落实到人的感知上来。现在的问题是，为什么一旦能被感知，就变成确定性的东西了，可以复制、转译并加以描述了。凡语言可以表达的，就是显性的，就是确定的。人一部分在改造世界，另一部分又被既成的东西制约。既成的东西就是客观的。

　　问题是现在我们说所谓的世界是不是有生命的？如果有生命，为什么有些物理法则却恒常不变？这可能就归结于既成的东西皆有惯性了。如果科学走的不是现在这条路，那么世界是否还是受现在的法则制约？这必须从根本上来谈。其实，我们只不过是将隐形的世界一再开发，如果我们继续开发，又会发现一些新的理论，这些新的理论将替代旧有的理论。问题人们怎么看待这些理论？这些理论是发现还是发明？我相信，还是太极的思想，如果人们从某个角度看世界，世界就会向我们呈现这一个角度的映象；如果我们从另外一个角度看世界，世界就会从另外一个角度呈现给我们。这样，既不是发现也不是发明，无所得。更类似于发明。我这种说法就正好说明发现和发明是一种辩证。

玻姆关于量子的解释
——见《整体性与隐缠序》一书

玻姆认为按照量子理论，所有作用量都是由不可分的量子构成的，因此，他直接得出运动是不连续的结论，而且宇宙就是一个不可分割的整体。我猜想，他的理由是，既然宇宙是不可分割的，那么在宇宙背景中两个实体间的相互作用其实不过是宇宙这个整体的状态发生改变，我们可以想象这种改变可以是一种突变或者说是一种跃迁，就是说这种运动形式可以不是一个连续的过程，不需要中间状态，打个比方，就好像电子从一个状态跃迁到另一个状态一样。但是，如果宇宙是可分割的，那么我们总可以分离出两个或两个以上的实体，当这两者发生作用时，就不能排除其他形式的被分离的实体的介入，因为宇宙中被分离出的实体形式千变万化，所以导致这样的介入必然是多元的，而且是连续的。这样任何作用形式都不可能被统一的量子化。因此，当且仅当作用或运动只是唯一的一个整体运动时，才能保证作用的分立性也即运动的不连续性，也就是所谓的量子性。

再议潜能论

说一个微观客体是什么？既不是波，也不是粒子，那是什么？如果从波的角度看，它就是波；如果从粒子的角度看，就是粒子。这就像太极是不是阴？是不是阳？既不是阴，也不是阳。它却是动静之机、阴阳之母。你从阴的角度看，它就呈现出阴的一面；你从阳的角度看，它就呈现出阳的一面。所以，太极就是类似于我一直提的潜能。潜能有无限自由度，它不表现为一个确定的东西。为什么叫潜能而不继续叫太极？因为，潜能还是一种能量形式。潜能因顺应外界而表现出有序的形式，这就是惯性。一旦形式确定，就变成数字化了，可用语言描述了，这就是0和1，信息时代的千变万化都是0和1表现出来的。潜能的妙用借助于张载的哲学，是可感通万事万物的，这就谓之"神化"，万事万物就是外界。这里我的潜能论肯定是可以和量子论产生一定联系的。之所以量子论哲学中为何测量能改变微观客体，而测量来自意识行为，至此，我们就可以发现，意识不过是潜能顺应外物的一种方式，它能够和外物作用，因为它虽弱小，但毕竟是一种能量形式，所以能够影响同样微小的微观客体。对宏观物体测量则不可改变宏观物体本身，因为宏观物体太庞大，意识的能量太小，所以测量不可改变客体。但注意，这里的潜能虽然是一种能量形式，却与一般的能量不同。它是具有自由度的，不具有其他任何规定性，规定性就是它是能量。意识之所以能指挥自身的运动，也是因为意识之本质为潜能，它可以根据自身所想或者顺应外界而调动身体器官运动。

我把一切归结为潜能，其实是把一些形而上的东西形而下了，这是我的想法的极大不足，但没有办法。想想古人也是如此，比如张载的太虚和气，其实也是形而下的。但是，潜能的最大特点就是具有无限自由度。世界有潜能，人亦有潜能。所以，客观有形器世界不过是潜能运化的结果，就是张载所说的，"凡所有法象，皆神化之糟粕尔"。潜能具有价值判断的功能。我们生活在一个价值世界里，没有价值判断，就是纯粹一物了，就是植物也知道向阳生长。

第二章　哲学之余

潜能论和机械唯物主义

机械唯物主义认为这个世界是纯粹物质的，所谓物质，都是有形有象的，可被人的感觉器官直接感知或间接感知的，也就是可通过测量来认识的，既然可被测量，那么它就是具体的、有限的、具有一定规定性的。那么这个世界到底有没有不测的、不可感知的、无限的、不具有一定规定性的东西？或者说，你即使通过测量可以感知到它的性质，但它还是非确定性的，因为如果你换一种方式去测量它，它又显示出另外一种性质。它通过你不同的测量方式显现出不同的性征，因此它是非定型的，不受具体定则约束的。或者，我们可以猜测它的本体是具有很多种自由度乃至是无限自由度的。这样说来，如果有这种无限自由度的东西存在，我们认识世界的方式必然只是片面的，或者说只是表象性的认识，我们不可以达到本质性的认识。所以，无论科学发展出多少种理论，我们实际上都只是触及海上冰山的一角，但我们别无其他办法去认识这个外在世界，因为我们只能通过感官来感觉材料和积累经验。现在我们要问，世界真是这样的吗？真正是以无限自由度的形式存在吗？我们是否要责怪我们的感觉器官，认为它是太有限了，以至于我们不能认识到世界的全体呢？我觉得不能去责怪，事实上世界的总体本身就是无定型的，它实际上可能是一种能动性质的精神，本身就是不停变化的，你有限的感官怎能去捕捉到它呢？只不过，这种能动精神是一种潜在形式，它展开以后才变成了这种确定性状的物质世界，我们的感觉器官往往感受到的只是这种确定性状的物质世界而已。这种能动精神就是潜能，它展开以后就变成有规定性的、受物理定则约束的、因果律的世界。潜能是一种能动形式的能量，展开是它的一种能力，它必须向它的对立面（也即惯性）转化，这有一种辩证法的意味。这就像人从生到死的过程，也是潜能不断展开，以致消耗殆尽的过程。

事实上，不只是感官有限，更是因为潜能无限。有限的感官怎么能认识能动的、具有无限自由度的潜能？感官有限是一个事实，潜能无限也是一个事实。我举一个例子来说明一下，感官有限和潜能无限，即量子力学中的海森堡的测不准关系，人们不可以同时准确地测量一个微观客体的位置和动量，这在宏观世界是不可以想象的，位置和动量决定一个宏观客体的运动状态，一个运动状态都不能确定的物体，是什么？难以想象，在我们看来，既然是一个物体，它就应该同时具有确定的位置和动量。那么，测不准关系的症结在哪？微观客体本身就是非定型的，不像宏观世界中那么确定，你通过测量去感知它，它的状态自然就会被破坏了，所以，不可能同时测量它的位置和动量。

非但这个世界有潜能，作为万物之灵长的人也有潜能。我们可以用潜能论来解释很多问题。包括物理学中量子力学的测量问题，以及人为什么能用自己的意识来思维和指导自己的行动。量子力学中匪夷所思的是为什么测量能够改变客体？这用潜能论看来极为简单，意识本身就是一种潜能，是一种能量形式，它就能和微观客体发生相互作用。至于意识如何指导自己的行动，也很简单，意识是一种潜能，潜能的作用对于人就像一个雷达的制导波对于航天器，它自然能指挥人的行动。

粗说张载哲学与潜能论

抽取张载《正蒙》里面的几个章句："感者性之神，性者感之体""性通乎气之外，命行乎气之内""凡天地法象，皆神化之糟粕尔"。

用笔者的潜能论比附这些章句，潜能的运化就是不测之"神"，潜能的运化也需要"感"，所谓感而遂通，凡拥堵闭塞的结果只能造成气聚成形，这里的形就是笔者的潜能论中所谓的惯性，是僵死的、无自由度的东西。宇宙之中潜能的运化是超越有形体和有形象的（也就是语言可以描述的东西），所以说"性通乎气之外"；而有形象的有形体的（可以说是形而下的）器世界，则受"命"的支配，我们可以将这里的"命"理解为法则、因果律或命运。所以说是"命行乎气之内"。天地法象，是指有形的器世界，不过是神化（潜能的运化）的糟粕。

儒家所谓的"仁"就是疏通知远的功夫，仁者"己欲立而立人，己欲达而达人"，"己所不欲，勿施于人"，都是通过"感"来感通对方，仁者爱人，此所谓"民胞物与"。"格物致知"正是修习这种感通的功夫，也只有能感，才能通，所以不弊不塞。如果麻木不仁，就失去了这种能力。为物欲牵累，也会蒙蔽心性，久之必不仁也。而这里的"感"，就是潜能的运化，我们也可以称为"神"。笔者在以前的思考中，没有给出潜能如何进行运化，而这里张载提出的"感"的概念正好可以裨补不足。

简言之，形而下的东西受规律控制，"物必有其则"，形而上的东西是有自由度的，谓之"不测之神"。

佛教的"空"与潜能论

佛教的空,并不是指空无一物,而是指诸法空无自性。空并不是什么都没有,空无一物,而是指无自性,但世俗人很难想象一个无规定性的东西到底是什么?佛教假名其为空。所谓无自性是指无规定性,你若去规范它,那就大错特错。《中论》云:"诸法不自生,亦不从他生,不共、不无因,是故知无生。""无自性"就是没有实体性,没有实体性存在的事物,就是不存在的事物。《金刚经》所言"应无所住而生其心",一旦有住,则拘泥于相,而这个相其实是不存在的、无实体性的事物。众人认假为真,就是如此而已吧。这个"住",其实就如同把世界人为地概念化,而这些概念其实都不是实存的。本质上,我们对一切事物的认识都基于概念,但概念这个东西本身就有问题,所以我们认识的都是虚妄而已。用笔者的潜能论术语来说,就是世界的本质是潜能,潜能的本质是无规定性,一旦用概念来规范这个本无固定性质(自性)的潜能,就会犯各种各样的错误。简言之,这个空就是绝对自由。

关于中国传统武术

中国的东西,都是艺术。法无定法,以心传心,不可复制,所谓大匠能示人规矩,不能示人巧,所以真正的武术家,代不数出;西洋的东西,重规则、重技法,可以通过一整套程序训练达标。

中国的武术,当然要靠天资,靠内悟,靠修为,其实是一种文化,不通中国文化,就很难理解武术如何能以柔弱胜刚强,而片面地去追求反应、速度和力量。中国传统武术的理念是正确的,是靠实修来印证的,而不单纯是一种信仰。

笔者练过九年杨氏太极拳,练拳应该有一万遍了吧。笔者以为,传统武术如今最大的弊病就是以讹传讹,以致失真,最后失传。传统武术胜人,不是以力胜,也不是以智胜。笔者师爷说过:能够四两拨千斤,必须练就千斤力,但有了千斤力的基础,用的时候只要四两力就足够了。所以,其中真的有门道。首先你得入门,然后才能悟道。

中国古代的数学为什么不发达？

数学不是中国古人的强项，中国的文化是写意的文化，重形象思维，轻精密琐细的逻辑思维。

可以看古希腊和古印度遗留下来的建筑、绘画和其他艺术作品，写实、对称、烦琐，就是它们的风格。

在中国，这样的作品只能被看作工匠的作品，而不是艺术家的作品，刻意的写实和追求对称性会被认为是庸俗和低级的。

因此，追求简易和不确定性，使其内容似乎更具包容性，也更有生命力，这才是中国文化的特色，然而，不注重分析和逻辑最终导致理性思维不发达，或者潜意识中对理性思维有排斥心理。

在中国，法无定法，传承都是以心传心，过分依赖个人的潜质。

但是，西方人和印度人的方法是可以习得、可以规范化的，因此，就会有系统的教育模式产生，可以将方法写进教科书，这对文明肯定是一种极大的促进。而在中国，国粹是很容易失传的。

信息是否一定需要载体？

有一个问题是笔者一直疑惑的：信息是不是都需要载体？听说过信息熵吗？信息只不过是有序度和无序度的反映。熵在热力学中反映的是物质运动的有序和无序的情况。但是，如果纯粹语言也存在熵的含义，那么信息很可能就是不需要载体的。语言，需要载体吗？语言不一定需要物质和能量作为载体吧。数学，就是纯粹的语言、最有序的语言。

笔者相信，自然界很多东西是不可以被语言描述的，艺术的本质就是以极简的形式构建最大的信息空间。艺术作品，越无规可循，往往就越生动。有些艺术作品，本身即如羚羊挂角，无迹可寻。可见，就连有形有相的作品，都含摄着生机，何况是无形无相的呢！都说艺术需要一种表现力，在笔者看来最高层次的表现力就是艺术本身的神秘色彩，而不是某种技法表现出来的张力。

说回来，信息需要载体吗？我们说，是需要的，但不仅仅是物质与能量。或许，信息是高于物质和能量的更高一层级的定义。天地万物，皆具灵性，有的清通，有的蔽塞，故清通者易感，蔽塞者不仁。感者，必然为信息之感，此感必不拘泥于物质、能量，可感者则感，感而遂通。感则能生？无感，则无信息之间的相互作用，而信息之间的相互作用是有序无序的根源。

一切问题都可以转化为数学问题吗？

根据维特根斯坦的语言哲学，语言必须与世界具有相同的结构（同构），所以语言才能描述世界，语言才能成为世界的图像。在微观上，世界所有的事态都由不能再细分的原子事实构成，而语言的一个基本命题犹如一个描述简单事实（原子事实）的图像。维特根斯坦对语言的命题进行逻辑分析，得出一个结论：一旦确定基本命题的真假，就可以通过逻辑演算确定由基本命题复合成的命题的真假。这样一来，世界发生的一切都可以还原为数理逻辑问题，也就是数学问题。但是，真的如此吗？维特根斯坦自己都承认有些事情用语言无法表达，必须保持沉默，如审美、道德、伦理、宗教等。

另外，语言不过是对真实世界的一种抽象而已，既然是抽象，必然涉及形式化的问题。所谓形式化，就是将一个模糊不清的客体具体化、对象化、明确化（界定范围），只有这样，我们才能用语言描述对象。比如，类似于物理学上把太阳抽象化为一个质点。现在的计算机系统中的人工智能，本质上是语言系统，但都是在形式化之后才能处理具体问题，没有形式化寸步难行。然而，形式化的过程非得有人参与，计算机系统再复杂都只不过是处理形式化过后的 0 和 1 的信息编码而已。

所以，并不是一切问题都可以转化为数学问题。

第二章 哲学之余

洪定国教授电话录

洪教授：玻姆对人的本质和世界本质的看法属于后现代科学。传统的科学错在其本身的立足点，它认为世界的真理就是显析结构，可以把握，深信这一点就错了。世界是无法透彻理解的，因为不断有全新的、崭新的显析结构从隐缠序中冒出来。人类的思想也是层出不穷的，其中包括物理学。整体性是由意义（meaning）表现出来的，意义是灵的方面，关系是体的方面，任何事物都是灵和体的结合，没有生命的物质也有生命的可能性，由一定的度产生质变，形成有灵魂、有自我意识的生命。任何新的性质的出现或一个意义的出现就是相变，相变前是隐缠的，相变后是显析的。灵——实在的本质。实在的本质就在于它可以用隐缠序来描述、表达、表述[reanything（实在）is always exist]。打开、展出（unfold）；折叠、卷入（infold）；全运动（holomovement）——展开、卷入，死了卷入隐缠序。关于决定论：因果性不是绝对的，是有限条件下才成立的规律，条件改变，因果性不存在。所谓因果性都是指特定条件下优先因素之间的特定关联，当条件改变时，关联消失。所有因果律都是显析序的，都是受条件限制的，超过这些条件，所有的关联都会消解、化为乌有。然后，显析和隐缠的关系不属于因果关系。显析序和隐缠序的关联受到无所不包的全运动的支配，全运动包括一切领域（思想、自然、人类、宇宙），而因果性都是特定事物的特定关联，是有限的。有限是无限的部分原因，不是全部；因果律不是全运动的原因，全运动更广泛，包括一切，全运动具有更大生命力。生命是无穷的，且不会完结。

注：洪定国教授是湖南师范大学物理学院已故教授，是量子力学隐变量解释的倡导者戴维·玻姆教授在中国的学生。洪教授是一个古道热肠的人，笔者曾经向他请教过量子力学和哲学方面的问题，本文是笔者和他通电话后整理而成。

第三章
文化随笔

题记:

大雅久不作。吾衰竟谁陈?

——李白《古风五十九首》

寇甲来了

寇甲来信说："我怎么能忘记你呢？"所以他要来了。这个前额宽宽的、留着乱蓬蓬长发的"老小伙子"，要到北京来看我，却让我十分惶恐，因为这预示着一场"沙尘暴"即将到来。这个特别喜欢闹的"大爷"，在兰州的时候，我读研究生的最后一年，白日里寻不见踪影的他，每天晚上十一点以后总是不邀而至我的寝室，开始我们的夜生活。我们不上吧厅、不去舞厅，就在校园里转悠。我们俩就是互相谩骂、互相取笑，然后开始练习太极推手，所谓练推手，就是他当我的拳架子，摆出各种各样挨打的姿势，让我选择好招式用不同的力道去袭击他。他当然要配合着挨打，否则真的动起手来我未必是他的对手呢。有时候，深更半夜的，我们会在校园里吼几嗓子，他喜欢唱花儿，并自认为唱得好，因为动了真情，可是每次我总感觉他在哭。

他的家乡在甘肃省景泰县，位于内蒙古、甘肃、宁夏三省（区）的交界处，南临黄河，北靠茫茫无际的腾格里沙漠。生长在这个蒙古、汉族、回族和其他少数民族的杂居地，他的家族保留着世代耕读传家的传统，而他又是研究敦煌学的，在这种特殊的自然环境和人文条件下，他自身的禀性里自然不缺少诗性的特质，但是这种诗性因闪耀着魔性的光芒而显得贪婪，充斥着垄断的欲望。他作为一个极富魔力又有智性的人出现在我贫乏的生活中，就这样我们在如同梦魇般的时光中厮混了一年。

我们已经一年的时间没见过面了，他这次一定要来物理所看看我。约好了日期，我准时在北京站接他。那天他走下车厢，我一眼便看见他了。这次装扮很不俗啊，依旧是乱蓬蓬的长发，上身穿着蓝色的海军衫，下身着一件灰色的短裤，脚蹬一双黑色的布鞋，挎着一个黄色军用包，在这繁花似锦的都市中，他的穿着使他很容易被人误认为乞丐。我叫了辆出租车，上车之后，我说："我的寇大爷啊，你怎么这一身打扮来看我？"他说："我的何二爷，这样好看些。"北京的出租车司机很逗，说兄弟俩还不能免俗啊，你们两个，大哥莫说二哥，看来我的着装也不太雅。

　　物理所的规矩是宿舍不能留宿其他人，但是我还是偷偷安排他住下了。谁知当天晚上便被管理宿舍的老王头发现，因为他留着长发很惹眼。我只好把他安排到招待所，一晚上80元，当然这钱得我付。他是个不会不折腾的人，第二天等我上班去了，他就到北大去踢足球。到晚上回来我就把他带到自己的实验室。实验室现在可能已经不存在了，那是在2000年的时候，物理所的主楼后面还有一个名为授控楼的老楼。我的实验装置安排在大厅的一个角落里，那时我是做材料研究的，就是研究纳米材料才引起后来的祸端，此话姑且不提。他这次来带给我一张软盘，里面用word格式存储了他写的很多首诗，有一天晚上，他一首一首地在电脑上翻给我看，有些句子反复地咏诵给我听，那些诗我当时不大能看懂，以后也没放在心上。只记得有这么一句："多少回……多少回……多少回……"，真是搞不懂他。回去时我恶狠狠地把门带上，他说："你轻一点儿好不好，怎么像凶神一样。"后来，我把这张软盘转交给了一位我们共同的朋友，现在想翻翻，手边已经没有了。

　　中关村是高智商的人才云集的地方，是个很现实的所在。强者生存，弱者淘汰。我是满怀着不自信来到这里的，我本来就是一个边缘角色，现在困居于授控楼的一隅，处处感到被动。寇甲的到来更加使我觉得生存空间受到挤压，我觉得自己结交这样魔气的朋友，被别人看见会觉得我更另类了。这里没有田园牧歌，只有阴森的壁垒，一不小心就可能成为众矢之的。我把寇甲引见给我当时合作最好的同学，他竟然以事多为名逃避我们，在他看来寇甲的出现无异于招来一个异端。晚上，那位同学感觉自己有点儿过分，于是约好了其他几位同学请我们俩到物理所对面的一个小酒馆吃饭。好在那次"晚宴"上，寇甲把自己的艺术性发挥得淋漓尽致，具体都说了些什么话，怎样表现自己和控制场面我都忘记了。只记得他大约喝了一瓶白酒外加五六瓶啤酒，喝完酒后说了这样一番话："在座的各位都很美，可能他（指我）是最美的……因为他是南方人。""他（指我）就是一部历史。"然后，我们回去，我的那位同学（他是地道的北京人，父亲在某部委工作）很纳闷地问了我一句："你的这位朋友是从哪里来的？怎么像神一样？"走进大门时，老寇像抽了风似的向门卫拱一拱手，嘴里不知嘀咕了什么，进入大院里又毫无顾忌地撒了一泡尿，所作所为真像原始部落的巫师。他喝醉了，我只好乘人不备把他扶回宿舍，他大吐，害得我一宿没睡好。

　　第二天早晨我上班去了，他还在沉睡。等中午回来的时候，人却不见了，桌子上留下一张字条。"hurry：我走了，我要到沈阳去看一位朋友，估计一周后才能回来。车子我骑走了，回来时我会把锁还给你。"那时正值酷暑，北京的地表温度高达六十摄氏度，这家伙却要骑单车赶赴沈阳，真是不要命了。不过我想自己的自行车是组装的，半路上就会散架的。过了一个星期，他果然回来了，自行车是没了，把我那把链子锁带了回来。我问他是不是骑自行车一直骑到沈阳，他说骑到山海关时就把车子扔了，在那里拜祭一位亲人（这位亲人就是诗人海子，海子就是在山海关卧轨自杀的）。这一次回来，他没住多久就回兰州了，并且对我说以后他不会再来物理所了。

第三章 文化随笔

调背孤行

今夜，看到一个词叫"调背孤行"。于是，想写一段关于治学的文字。

首先，治学须立志。人不立志，譬如片云游空，心之所属、意之所向皆无定根，凡事皆在于精神能提得起，无志则无精神。故聚拢精神，必先立志。若无志向，则随意而作，意尽神亡。故无志不立，此为定理。

其次，治学须有识。识者，只言片语见精神也。古往今来，有志者不可谓不多，然有真见地者未必多也。有识者，对治学问，往往能一语中的、切中肯綮，故能驭繁为简，是谓有识，然何由达此也？识者，乃水平高下之判，水平者，境界也，层次也。繁复之事物，若身在其中，必不能识其本然面目，然若跃身其外，俯而观之，则生不过尔尔之叹。譬如游身七级宝塔，每上一层级则有一层级之观感。故驭繁为简之功夫，实为境界之判也。

再次，治学还须有才。才者，创新之谓也。若无恒创恒新之能，此必为庸才。世间英物，莫过于开一代风气、领一代风骚为能，人有志而无才，则如百尺之杆，兀自而立，纵有凌云之势，却无潜发之机。才者，须遍撷英华，精思有成。良久，方能思若泉涌，他者亦为我所用，彰显大化，生生不息。

又次，治学更须有德。勤为德，俭亦是德。治学须知勤俭是为妙用。若无勤奋向学之心，终难免志大才疏，须知勤能补拙是良训，一分辛劳一分才；又须知，天才在于积累，观大家之作风，皆善积累，行止坐卧，须臾不离学问二字。又诚为德，恒亦是德。向学者，须不慕世利，因学问之学似为无用之学，有急功近利之心，必无成就之快；学问之道，亦在于不疾不徐，非一个恒字不能温养也。

论武侠

　　武者，应以侠为职事。侠者，解危济困，扶贫救弱，人之大需也。然侠者，常临逼仄之境，处无间之道，故狭隙中求生存，人之夹也。侠者，独立于世，抱节操以自矜自傲，持利刃而涤荡不平，常为世所不容，自古而然，何也？

　　人之所趋，利也；人之所惧，势也。流俗风行，唯势利可为导向；世道人心，岂以公正为其向背？是故，人心易变，百年无常。道孤则人寡，正义常为人轻忽。邪恶之流，则攀势附利而生，缘贪欲而滋长，骤成毒瘤，荼毒生灵。

　　侠者，正邪之辨，明如烈火。苦心孤诣，独善其身，不改向时之志，不避恶俗之潮，事难为而初心不易。言必信，行必果。虽千万人，吾往矣！

论侠的精神和天地精神

儒者的使命是为天地立心、为生民立命、为往圣继绝学、为万世开太平，侠则不然，行于天地之间，既不是为了弘道，也不是为了济世，归根结底是为了成就个体的生命，实现自我。儒者从圣贤经著里探求做人的道理，并躬身践行，以达生命形态的完美；侠者，则更多地靠直觉来达到修身的目的，可以说实践的是一种生命美学。而审美和直觉是相通的。这样，前者对生命完美的达成还是一种外在化的追求的结果，而后者则是对生命完美的根本实现，不假外缘。侠是一种写意文化中的人，儒则偏于写实，所以，侠的精神更符合中国传统文化的特质。人生其实就是实践，不断弥补自身的不足，如果刻意地设定标杆，就会与道相违。所谓圣贤境界，我们不要抬头去仰视，更好的是如何走好足下的路。因为道就在脚下。人性的善与恶，无须去追问，因为人的内禀不同，对善恶而言没有一个统一的人性。其实，善恶都是两边，都是外在的现象而在人内心的表现，认识提高，修养提高，自然能分辨善恶，或从善弃恶。更高的境界，是没有这种分别，不思善、不思恶，这就是人的本来面目，也就是慈悲。其实，最高的生命形态是实现自己的生命美学，这无须崇高的信仰，也无须刻意修持，简单直接的方式，就是做真实的自我，当然这个自我并非被各种习性熏染的自我，而是人的一种本真状态，是人性中具有的一种美。中国的侠客就是这类生命形态的代表。从义理上寻求这种美感，是达不到的。笔者相信一些高僧大德和以生命践行学问的高士能体会到这种美感，这种美感并不是对称、和谐的，也不是庄严、静穆的，而是对人世沧桑的真实体验得来的感受，正如弘一法师的临终遗墨是悲欣交集。所以，从广义上说，这些人也是侠客，他们都在直觉中实现了完美（不是完善）的生命形态。体验到生命的美感也许是很多在艰难苦厄中行进的人们能够活下去的原因。这种美是与天地精神相符合的，我们能够最大限度得到主客观的统一，就是因为我们和天地的大美息息相通。天地精神并不在于它的理，而在于它的美。

疯子与天才

有时候，疯子和天才差别真的不大。西方历史上，有很多天才到最后疯了，但好像没听说过哪个疯子变成了天才。西方人，疯了就疯了，不可能成为天才，东方则不同。比如，有一些佛教的高僧大德，在开悟之前都经历过疯魔境界，开悟之后，则一片云销雨霁，知道前番种种都是业障。西方文化是线性演进的，而东方文化则讲究归一性。线性演进没有终极，东方则崇尚万法归一，使人心理上总会有个安身处。所谓道高一尺，魔高一丈。从一定意义上说，西方文化有魔幻色彩，而东方文化则讲究和谐的佛道境界。

什么药能治人心病呢？从短期效果来看是别人的心理疏导，从长期效应来看是一个人的文化程度。知识再多也没有用，知识不代表文化。西方人把学科分类化、部门化、客观化，所以学者得到的多是知识。而中国传统文化归根结底是关于人的文化，不崇尚知识，重视体悟。

故 乡

　　这是 20 世纪 80 年代安徽省西部大别山外延的一个小村庄，原来是一户地主的庄园，它聚落在一片较为低洼的盆地里。整个村庄背靠着八道长岭，前面是一片平整而又宽阔的稻场，稻场的前面是一个大菜园子，菜园子前面是一个大池塘，从塘埂依势而下，是一大片稻田，稻田的前面是一条不太宽阔的小路，小路旁生长着一些毛竹，再往下是一条清澈见底的小溪，小溪那边往上就是苍苍郁郁的万亩竹山了。尽管这里的一切还保留着农耕社会比较原始的特点，但你还发现不了什么古远的东西，比如牌坊、碑刻什么的，唯有村头塘埂上有一棵大松树，有两三百岁了，古木下面堆满了香灰，农人们相信古木是有灵性的。村的西头大约五百米处有两山对峙，一座大坝横隔其间，坝体是土石结构的，后面是一个面积为四五千亩的小水库，水库涵洞里流出的水就是村庄前面小溪的源头。

　　虽然是地主的庄园，但房子依旧是茅草房，土改时分给了当地的农户，大约聚集着七八户人家。这看起来绝对是一个平淡无奇的村庄。不过也有风水先生，称这里是一个绝佳的风水宝地。看一个村庄的风水，首先应看来龙，看来龙首重祖山。好风水几乎都在一个盆地中，试观此地风水大局，村庄背靠八道长岭，为此地主山之来龙，主山以北则靠着海拔八百多米的黄巢尖，此山巍峨雄奇，应属祖山（主山之靠山），风水上，祖山贵，则来龙贵；祖山贱，则来龙贱，想此山乃当年黄巢屯兵之所，龙蛇起陆之地，不可谓不贵。西面双峰如狮象对峙，大坝似一道雄关守住水口，在风水上这也是极妥当的地势，可期富贵大定，即便王侯将相发迹之地亦莫过于此。东面开阔，远处一山耸起,状若笔架,当地称之为笔架山,而八道长岭恰如带笔之龙脉,绵延东去,虽是天造地设,却似极佳安排,风水上称此一地势定出文章泰斗。再看溪流从山间流出,环绕村落中间底盘,南面有案山和朝山万亩竹海保护。如此,村落四围群山环绕,山气氤氲,树木葱茏,溪水清澈,这种环境造成了一个风调雨顺的小气候,村民们一副忙碌景象,正是生机盎然,阳气具足,潜蕴着发达气象。

总而言之,这是一个不精致但很灵秀的小村落,这里没有厚重的黄土,没有粗犷的原野,也没有江南小桥流水人家那样别致秀丽的装扮,甚至这里是现代文明透射不到的地方,保留着农耕社会所有的特点,规约着人们思想行为的是千百年来楚地流传下来的风俗习惯。村民们勤劳而朴实,20 世纪 80 年代初期,虽然资源有限但大家是共享的,比如农具、耕牛、饮水井甚至一些简单的文化用品。我们知道,当许多外来的事物侵占原有生活空间的时候,纯净的心智就被搅乱了,这里正因为原始才充满元气,没有遭到人为的破坏,而只有心智中充满着元气的种子,才可以生发出瑰丽多彩的生命形态。

月是故乡明

清晨，他裹挟着疲惫，从一个街巷的拐口走了出来。这是一个流浪汉，眼里充血，面部发紫，头发和胡须卷曲脏乱、邋里邋遢，因过度缺乏营养而显得焦黄和枯槁，身上衣着单薄，遍被污垢。在瑟瑟的秋风里，不禁冻得微微发抖。和所有的流浪汉一样，旁人看不出他的年龄，只是眼角的褶皱和一脸的风尘可以证明他是个成熟的男子。夜晚他就睡在城外排污的废旧涵洞里，不时有行人路过，有的人为了寻方便，也不知道有没有注意到这位老兄，就将一泡老尿浇在他的头上，他的脏话还没有来得及从嘴里弹出时，那人转身就跑掉了。白天，他就背负着行囊，卷入城市的人流中。他的眼神很耐看，也许眼睛是心灵的窗户，作为一个人，上天还没有完全剥夺他作为万物灵长的资格，他的眼神中透射出的一线灵光可以作为见证；或许，当你仔细地打量这个流浪汉——这个经历过沧桑的人时，你会发现他的眼神中包含着某种离奇的，甚至是超脱的智性的光华。

他从巷口走了出来，这是一个老街巷，还有很多老字号的铺面。这里的人们多半认识这个汉子，有一个戴墨镜的算命先生摆了一个地摊。流浪汉随手从地下找了根烟头点着，然后在算命先生旁边找了个地方盘腿坐下。算命的说："我来给你算一命吧，不收钱的！"他回答说："大爷，我的命不值得算！还是让我跟你讨论讨论命理吧。"算命的说："你也知道命理？"他回答说："不敢！"话匣子一拉开，流浪汉就说开了大话："算命的通常有两种算书，一个是《麻衣神相》，另一个是《玉匣记》，前者是给普通人算命的，后者是给大人物算命的。为什么这么说呢？所谓'麻衣神相'，我们把它分解一下，'麻衣'

自然是一种网，穿在人身上只是一种'表象'作用，因此在这'表象'之内，可能另存有所谓的'神通'吧？'广林依示申相'，即我们说'猴子'（申）是最有'灵机'的了，这'灵机'啊，可能都是'幽灵'感应而知，猴子顺应自然而生存，自然'灵感'固有，而出离'三界'之外了（所以'申'字是'田'字中间一竖的上下延伸），它们在广大的森林里生活，'麻衣神相'就是把猴子这种生存状态附加给了人类。而普通迷信的人正是'尽入彀中'，因为迷信的人本来就缺少'自信'，本身就有许多'幽灵'纠集于一身，他们自身没有主见，是抱着心诚则灵的念头来的，由于您老这样的盲人非常'机灵'，则立即对这些人产生通感，因此算命就比较准了。您老先生先说说有没有道理？"算命先生说："听您的一番话，胜读十年命书！《玉匣记》为什么是给大人物算命的呢？愿闻其详！"流浪汉说："哪里哪里！既然先生愿意听，我就再来分析一下《玉匣记》吧。这是更高一层的算命术了，它的谐音是'愚狭机'，由头是一个'玉'字，所谓'王'字旁'一点'，在古时候，往往声名显赫的人更迷信，这些人横向思维能力强，即约束人的力量，而无独立思考的'主'见，或者坐稳了'王位'，就不思进取了。这'主'见被灵巧的苏小妹偷偷窃走，放在一个'匣'子里，这个匣子里装的是什么药呢？是把缘'由'倒说一遍，便成了'甲'字了。'老子天下第一'，有了'王'，便约束其他有横向思考能力的人，只能心上有'思'了，这些人把大王众星拱月般地捧上'王'位，而大王'甲'自己呢？只能咎'由'自取，关在'匣子'中出不来了，因此'天下英雄尽入彀中'的'家天下'成了铁律。"

提起算命这个话题，算命先生和流浪汉都不免有些感慨。两个人一时语结，空气仿佛在瞬间凝固住了。流浪汉站起身来，对算命的躬身施了一礼，说道："我去讨点饭吃吧！"算命的说："多年前我就不想干这个营生了，都说我们这行是骗人的。今天听你这一番话，看来命理是有的，这给我们算命的多少留了点余地吧！"那汉子若有所思地点了点头，然后站起身来，提着行囊，转眼消失在川流不息的人潮之中。

为恶之花，结善之果

没有了我所钟爱的，也没有了我所纠结的，一种迷惘，一种无奈。我愿意在这里堆积所有的沙砾，直到能掩埋所有的空虚、荒芜的思绪，或许能唤醒没有由头的爱与欢欣。我能如何？我复能如何？在此，召唤魂灵的符咒，叩开地狱的大门，驾驭心灵之剑纵横于古往今来。为恶之花，结善之果。与我对垒的，似乎不全是孤独，也有上苍；与我结伴的，似乎也不全是孤独，还有魔鬼。在这神奇的魔力世界，一只无形的手在搅拌，灵魂欲裂。苍凉如负重的昆仑，古歌弥撒在天地间，梦幻如风在空中摇曳。登云万里的少年，在萧条的薄寒中感受秋的洗礼，那当风的裙裾，恰如远山横吹的霰雪。

第三章 文化随笔

置之死地而后生

所谓置之死地而后生，要看针对什么人而言，据《史记》可知，这场战役打完了，人家问韩信为什么这么打，韩信说了两点，第一，他借鉴了古代兵书置之死地而后生的思想，背水结营，只是大家没有活学活用罢了。第二，大家在他手下都是新兵，他没有时间训练大家，只能这样激发大家求生的本能从而誓死抗敌。兵法上最重要的是占取先机，然后才是天时地利人和，如不占取先机即便天时地利人和也不管用，所谓占取先机，我想胜者应首先有一定的综合判断能力而不是计算能力，综合判断能力类似于围棋中的布局，这是战略，而计算能力则可类比为围棋中的算子，这只是战术问题。如何占取先机，是兵家在心理和智慧上的较量，而不仅仅靠聪明刁巧，占取先机最重要的一点是得其势而不是得其力，这个势和力的关系可类比于物理学上的势和力，势总是全局性的，而力是局部的。心理上的优势是最大的先机，可令对方胆怯，进而牵制对方，当然光靠心理优势也是不行的，毕竟有策略的优劣和力的强弱。大军事家在战役中能置身于战事之外，犹如一位冷静的局外人排兵布阵，在战争没有开始之前就有几分胜算，我想韩信就是这样的人，他之所以能违背兵家之常识作战，是因为他能够将地理上的不利（没有地利）转化为士兵们的求生欲望，这就是最大的人和，是将死形化为活形；而马谡死套兵法，没有充分调动人的活力，没有鼓动士气，自以为巧妙，实际上是将活形整成死形，是最愚蠢的。

行程中，戏说两句

无聊是对审美的最大消解，高傲是对高贵的最大误判。

对话不光是交流，更能激励思维。不少哲学著作，其实就是对话录。所以，不要小看一个群，不要轻视聊天，当你真正无聊的时候，也许你真的需要聊天，奉劝你加群。

不管你读多少书，识多少字，劝你不要染上学究气。很深刻的道理，如果你能用最简单的方式表达出来，你就是高人，哪怕你给我当头一棒，我还以为你在开示我。当别人风生水起的时候，你不要怪自家风水不好，再不好的风水你也是个地球人，地球是宇宙中风水最好的。

不喝鸡汤也会写鸡汤文，有时候香烟和方便面俱在时最有灵感，不过这话对宅男慎用。笔者的意思是没有营养也能产出营养品，牛吃的是草，挤出来的是牛奶。

这年头，熬夜变成了欲望，是一种勤奋还是一种惰性呢？尽管我在旅途中有很多话要说，但手机电量是有限的，我能通宵不寐，但它不能熬夜。

人到中年万事休

人到中年，底气全无，万事皆休。

本以为，人生的目的就是为社会创造价值，在此过程中自身能够产生小小的成就感，这辈子足矣。现在看来，太难了！自我受到的限制太多，以至于身心都不够自由，来自家庭、社会各方面的压力逼迫着自己负重前行，纷繁复杂的关系和琐细的事务编织成巨网束缚着自己的手脚。

有时候，觉得自己像装在套子里的人；有时候，开始怀疑自己的能力。

人都是有惰性的，人还有各种各样的习气，这让人更加难以冲破内在的惯性和外在的约束而释放自己的潜能。

创造力的缺失也是让人颓废的一个重要原因。的确，人到中年，即便自己的学习能力很强，也没有心力去接受新知从而去探索未知了。人到中年，开始觉得自己越来越陈旧。

觉得自己该学的还没有学到手，该做的事情还没有任何结果，连自己的"三观"都还没来得及完善呢，不知不觉人就变老了。也许，就在不久以前，自己还有一些新鲜的念头和一些不成熟的想法，但很快你就会意识到所有这些都不切实际，严酷的现实不允许任何灵光乍现。

也许有人说，中年是人生事业的高峰期，也是，但这里的事业可能是与创造无关的事情。在中年，要么你已成为一座山，要么你只能在山脚下仰望。

但是我们不要忘记，中年是从不惑走向知命的人生重要阶段，在这个阶段，我们对意义和价值更加澄明，心智因成熟而逾显自由。在中年，我们或许会经历破茧成蝶的嬗变。

凉秋九月

往事如风，过去了，想收拾起来，可记忆中留下的只是淡淡的哀愁和破碎的梦影。我不知道应该从何说起，也不知道该说些什么。只有在指尖的挥舞中搜索一些记忆的碎片，在不经意中发现我一路走来的履痕……也许会有意外的收获。

无可奈何花落去，似曾相识燕归来，每个人的人生都是如此，过去的就过去了，比梦还轻，哪里还有什么好与坏的分别。但是过去毕竟是抹不掉的记忆，过去是每个人的私人借阅室，我们不能说过去是没有意义的。有一种意义的存在是属于过去的，那是沉痛；还有一种意义的存在是属于过去的，那是相思。过去也是有一定权限的，当你把自己的过去轻贱地转借给别人阅读时，你会发现"同情"两个字是如此粗制滥造，如同丧失准星的秤一样失去了存在的意义。

这是写于1998年7月18日的一篇日记。"离兰州返家途中，与父女同车，系浙江温州人氏。我与女父面对睡下铺，女卧其父之上之中铺。我潦倒之人，目光呆滞，其父以为病，故吾虽有意与其攀谈，而他有躲避之意。女携《十面埋伏》一书卧中铺，亦无多言。此女皮肤较黑，发短，貌端妍秀美。虽不十分漂亮，然特具江南女子一种风流韵致自不一般。待其父极孝顺，夜间亦起床为其父掖好被单。至天微明，见女子携镜坐我铺边妆扮。'女为悦己者容'，我心发异想。一车无语，至蚌埠我快下车前半时，方与此女交谈，知其为北医刚毕业的大学生，随父到兰州省亲。不时，车已至蚌，吾行李甚多，那女子自告奋勇将我送下车去。相处一厢，仅得半时话语，然此时却有依依惜别之意，火车驶出站时，女子扬手缓缓与我作别。"这就是生活中很真实的一幕，虽草草记下，亦可以谓之相思吧。

  凉秋的九月，我走在兰州的大街上。树叶如同贬值的纸券一般，一夜之间从树头上落下大半，和着沙尘被狂风卷着扑面而来。天上凝滞着阴森的寒云，感受到这弥漫于天地间的肃杀之气，而自己如孤篷野草般零落在天涯。想起那姑娘曾说九月份她有可能再到兰州来，然而，此时此地、此情此景，我们还会在兰州的街头再次邂逅吗？

沧浪亭散记

余平生所学，唯在一个"散"字。我之为文，因为无系统之思想，亦无精巧之构思，散漫无章，故不能习长文，聊以谓之"散文"。古今中国，喜作散文者多，洋洋鸿篇者少；文风萎蔓者多，精思衡虑者少；以诗为史者多，以史为诗者少。盖吾民族，诗气纵横，然皆为"诗史"，无一篇浑然博大的"史诗"力作。"诗史"和"史诗"是不可对易的，"诗史"遍为瓦砾，"史诗"则壮如宏碑。究其质也，盖吾国吾民，心闲志逸，难为忧患意识；而西方文明，仰慕崇高，生民多富牺牲精神。

《浮生六记》是清代文人沈复的六篇散记，此人胸襟落拓，淡泊功名，然一生不善经营，导致家道中落，贫困潦倒，妻离子散。在他的文中，没有大的手笔，随处拾来的都是平淡的告白，没有太多的愤世嫉俗，也没有多余的感慨，然而一片凄凉萧散之情和隐隐的不平之气自然流露笔端，体现了对命运的一种无奈和对人生无常的一种哀婉叹息。这六篇文章应属于小品文，因为情义真切，彻人肺腑，比起所谓的"三言"确实能起到醒史、警世的作用。

而弹词《再生缘》则出自清代女作家陈端生之手，这里已隐隐约约地透露出史诗的气息。我早年读过，现在这本书已不见踪影，所以对她的评价可能会有些偏颇。她以七个字为单位，造就了万千行有韵脚的叙事诗句，这是前无古人、后无来者的。可见中国古代闺中才女不都是那些见花落泪、对月伤情的人，女子也有满腔的豪情，也有对家国的抱负。据说这一传世名篇的创作分为两个阶段，作者早期生在、嫁于官宦名门之家，生活条件优裕，饱读诗书，打下了扎实的文字功底，后来家庭变异，随夫流徙边疆，身经苦厄。如果说早期的《再生缘》字字充盈着一个少女对生活无限的欢欣热爱和憧憬，那么后期的《再生缘》就声声泣血，充满浓重的悲怆意味。现实的巨大反差，确实造就了不同的风格。

　　我之所以提到《浮生六记》和《再生缘》这两部作品，是想议论一下这两个作者之间的差别。沈复这个文人，生于姑苏沧浪亭畔，似乎沧浪之水永远是洗却人心灵尘垢的源头活水，如果天性没有这样干净、坦白，也就没有他潇洒的特质，他的作品也早就湮没在纸堆里，或者即使存在也没有可读性了。无拘无束的自由行文使他能勾勒出一幅充满生气的生活图卷。但是作者的视角是狭隘的，他受制于时代和生活背景，依靠一种感性的东西抒发心中的不平之气，不能实现精神的超越。而陈端生虽然是位闺中女子，但是她的思想里却充满理性的微芒，以崇高的理性认真地考察整个封建社会的伦理道德价值，甚至个人自由的问题。她的诗熔铸的是一个民族的灵魂。

读书与治学

有些人认为某些大学问家是生而知之者,似乎前世就读了很多书,所以今世看来就好像是无书不读了。其实,是这样吗?我觉得并非如此。大学问家贵在通,贵在博识,而且学有系统。别人思考过的东西,他思考过;别人没有思考过的东西,他也思考过。所以眼界很高。因此,别人的东西,他一经过目,便知其中内容,甚至别人的思维流衍,他也能算出一二。这样看起来,他就好像无书不读了。

兹列近代儒学大师马一浮先生的几段话:

学问却要自心体验而后得,不专恃闻见。要变化气质而后成,不偏重才能。知识、才能是学问之资藉,不即是学问之成就。

——马一浮

人之气质,焉能全美。学问正是变化气质之事。识得救取自己,方解用力。

——马一浮

向外求知,是谓俗学;不明心性,是谓俗儒;昧于经术,是谓俗吏;随顺习气,是谓俗人。

——马一浮

思想之涵养愈深厚,愈充实,斯其表现出来的行为言论愈光大。

——马一浮

说实在的,读书就是为了明理,明理就是为了做人,做人的根本不是向外逐求,而在于反躬内省,古代的读书人是这样,读书的最终目的是修齐之道，现代人反其道而行。西方的教育，就是把专业细化、科目化，把学科尽量地客观来分，包括人文科学甚至伦理学都客观地对待，认为有个人性之外的绝对的伦理。这样下去，其实会导致一种两难的局面，将外在世界绝对地客观化，那么主观的自我又将何存？最终，也消解在物质里面，成为纯粹唯物主义。

中国的《易经》，含蕴刚健有为的宇宙大生命，人的最高境界就是天人合一，与天地合德，与日月同辉，此何等壮丽！

该读什么样的书？

关于理学方面的书，如把理学当作一个对象来讲，读来就全无意思了；如果把理学当作学问来讲，就很有意思。思想史或哲学史之类的书，就是前者；而汤用彤先生的《理学谵言》和罗庸先生的《习坎庸言》就属于后者。这就是身在其中和身在其外的区别。今人的中国思想史和哲学史，首推冯友兰先生的《中国哲学史》，有的人对他的书倍加推崇，有的人嗤之以鼻。如果不融身心于其中，而只是去介绍，是不能领会理学的深意的。研究佛教也一样，一个佛学家和一个佛教徒对佛教的感情就不一样。同样，一个物理学家和一个物理学工作者写的物理科普书也会不一样。所以，看书还是要看大家的书，至少要看在此领域有深入研究的学者的书。一般来说，泛泛而谈的书是没有多少价值的。

能够融今烁古、学贯中西的大学者确实不多见。民国是个大师辈出的年代，但说起大师们的学问，应该是各有所倚重，真正通今博古、学贯中西的却没有几个。马一浮先生算是中国最后一位理学家，应该算一个通儒。玻姆是个伟大的哲学家和物理学家，他是个颇具东方情味的犹太裔美国人。

也谈科学

科学讲求精密逻辑和理性,讲确定性,所以科学的使命在于消解一切不确定性,消解哲学和艺术。但是,事实上是这样吗?任何东西只要进入科学的视野,就成为静态分析的对象,由无限种可能性退化为一种可能性。因为科学的本质决定了它只想得到确定性的东西。生命是什么?是活性,是无限种自由度。

为什么唐诗宋词到今天还没有被淘汰,至今被人广为吟诵?人类登上月球都这么多年了,我们依旧还眷恋着"嫦娥奔月"的传说?不得不承认科学技术是对世界的一种解蔽,但每一次解蔽都意味着一种文化元素的消失。科学,对世界的探索永远是只能触及冰山一角。

学人的使命

真正体会到天地与我为一，万物与我并生，这是其一，这不够；还要究天人之际、穷古今之变，这仍然不够；还要为天地立心、为生民立命、为往圣继绝学、为万世开太平。这才是学人的使命。

第三章 文化随笔

信 念

我试图每天找点小幸福，可是很难找到。每天哪怕做一件小事、看两页小书都行，但是，事情总是做得不圆满，看书总是无心得，而且未来还有很多事情要去完成。所以，人总是处于激发状态，而不是处于一种稳定状态。向老年过渡的中年人，心理上还是求安逸的，不过这是奢望，总有很多事情牵着你。一个卑微的小人物，无法抗拒社会的洪流，只能喘息。

如果内心没有一些固定的信念，人会觉得更加没有着落，信念越强大，人活得就越自在。要摧毁一个人的人生，就要摧毁他的信念。年轻时也许还有志向和抱负，这个年纪就只剩下信念了。其实信念比志向和抱负更加实在，它是内在的、固化的价值观，是内心的需求，而志向和抱负毕竟是向外的探求。因为有了信念，我们可以承受孤独，承受苦难，承受生活的种种压力，也因此可以挑起重负，独立于世。一个人的心如果安顿下来，任凭世潮如水、万事纠缠，都不会有太大的躁动，这个人就是幸福的。所以，我们需要的是信念，让这颗心变得坚韧无比，艰难困苦都可以等闲视之。

儒家的智慧就在于能够让人找到安身立命之道，这就是信念。科学是人类对规律的探索和对未知的发现，科学转化为生产和技术固然能够提高人的生活水平，但科学教育如果不结合人文素养，盲目或无底限地转化为技术，有时就会变得很邪恶。人对物的控制欲太强，有时并不是一件很好的事情。我们生活在现世，就要敢于直接面对现实生活，要学会应对纷繁复杂的世事。为了理想选择逃避，其实是不彻底的革命。孔子言："未知生，焉知死。"我们只有达到圣贤的境界，才能实现生命的最高理想，才能如凤凰涅槃一般得到解脱。所谓圣贤者，可以为天地立心，为生民立命，为往圣继绝学，为万世开太平。圣贤境界，无非就是诚敬之心，忠恕之道，我欲仁斯仁至矣，仁者，可以疏通知远，鬼神可感，天地一如。

关于道德

道德是用来约束自己的,不是用来绑架别人的。道德最重要的是反省,向内寻求内心的和谐与安宁,而不是一味地向道德标杆看齐。修正很重要,道德也是寻求安身立命之道。假如内心欲望充斥,一味地向外界寻求刺激,怎么会有真正的道德?同样,内心欲望充斥也会造成心理上的不和谐。自由更重要的是不要盲目,而是知道怎样驾驭自己,怎样控制自己的内心。严格来说道德不过是一种修为,人生在世不过是一场修行。

内圣外王之道

古人的操守想都不敢想。不过客观地说，我是看了书，受马一浮先生的启示，才有如上关于道德的说法。传统文化教人，无非是内圣外王之道。这是一种理想化的人生观。内圣外王之道就是修齐之道，所谓修身、齐家、治国、平天下，古人认为人身就是小宇宙，解决了自身问题，就能解决整个世界的问题。

马先生所言，依靠见闻得来的是知识，依恃才能得到的也是外在的知识，唯有结合自身的体悟，改善了自身的气质，得到的方是学问和见地。中国传统文化教化人的就是与人自身相关的学问之道。

第三章 文化随笔

宋明理学存在意义的思考

大家对宋明理学如何看？现在好像大有复兴趋势。将中国文化思想系统化、条理化，这应该是程朱理学、陆王心学的最大贡献吧。古人的学问虽然渊深似海，但一般人通过努力还是能达到的，但是，现代西方的自然科学为什么这样难？而且精密细致。西方的哲学也都喜欢极为详尽的论证。这好像又是古人所不及的。其实，程朱理学和陆王心学不是高不可攀的。你看看现在的理论物理，是一般人能学得了的吗？再看看中国的中医，中医要有名师指点才能入门。中西的思维模式确有不同，但凡需要创造和发现的东西，都需要悟性和灵感，古人的学问如此，西方科学也不例外。科学的创新也是需要悟性的，不光是逻辑推理能力。东方的学问，好像早就有一座高山耸在那里，人只要肯登攀就能登顶，人人皆可以成为圣贤，圣贤就是标杆；但西方人治学，往往没有一个具体标杆。西方是客观科学，中国是人文主义，是关切到人的，所以以人为标杆，而西方的自然科学是人之外的，不是以人作为标杆。西方的学问和中国传统学问出发点是不同的。在东方，圣贤的含义是抽象的，不是具体到某个人，人人皆可成为圣贤。而西方的牛顿就是牛顿，是具体到某个人。所以，中国的学问说到底是追求圣贤的境界，而西方的学问是谋求对自然的客观解释。

程朱理学和陆王心学对于拯济世道民心有着极大的意义。但如果从纯粹学术角度看，并非高不可攀。显然，他们的学说并非横空出世，而是具有先秦儒家学说的历史烙印。但是，如果程朱、陆王的学说蕴藏着普世价值是千真万确的真理，文字只是表象，那我就未免太轻薄了。

关键他们的学说也不是很纯粹，有很多甚至是牵强附会。他们的功绩在于将中国文化思想系统化、条理化。这其实是有悖于中国文化的内质的，传统文化本身就是模糊的、不确定的，甚至玄而又玄的，所以，系统化、条理化未必是好事，但也未必是坏事，使得中国人开始用逻辑去理性地思考。中国人收之在模糊，失之亦在模糊。中国的有些东西一旦涉入逻辑，就不纯粹了。理学更重视逻辑，心学还次一点。理学就要说明白前因后果，其实也可能是搬起石头砸自己的脚。什么理气之辨、理一分殊，道理讲得越多，越是背道而驰。然而，我们又不可否认这些学说是系统化的，经过成熟的思考的。中国文化之所以被认为是大酱缸，就是因为什么东西都能兼容，好的坏的一锅烩。其实，理学的抬头是一件好事，是国民对自己文化自信的一种提升。理学虽不能作为绝对的真理来观照，但肯定有合理因素，一个学术体系至少应该说明什么东西是合理的，什么东西是不合理的，否则就是大酱缸。对理学的扬弃就看国人的好恶取舍了。

从国学热想起——谈点文化

国学热,是国人对历史和传统的一种自觉或不自觉的反思。文化是教育之根本,一个民族在文化上的传承乃是民族生命之显发、国祚之延续的关键。我们看到,文化尊严来自国家实力。近代以来,要搞全盘西化的大有人在,为什么?西方国家的实力强,所以,近代中国在一定程度上受到西方文化的冲击。但是,不能是因为人家实力强,就把自己的文化给弄丢了。一则防邯郸学步,二则也是最重要的,要从暂时的弱势中看到本族文化的优越性。文化的多元化未必是坏事,但文化如果失去根本,后果则不堪设想。中国虽然已经深受西方文化的影响,但其实骨子里还是以传统文化主导的,只是有些传统因素已经变成隐性的东西,人们日用而不觉了。国人的一些思想、伦理、风俗、艺术,还都带着传统文化的烙印。这其实是国家独立带来的最大福祉,假若我们早已被殖民化了,我们今天或许不会因学英语而头疼了,但那是真的回不去了。

中国文化一个鲜明的特征是自强不息且有生命之律动感,这种律动的精神气质正是华夏文明生生不息且时变时新的原动力;而西洋文化的特征则可归结为两个字"妄执",西方近代的科学精神是对理性思维进行无限制的扩张,其实是一种妄,其结果势必造成理性和感性之间的断裂,其后果是理性成为一切的先决条件,这样就否定了在审美和创造活动中发挥重要作用的灵感和顿悟等思维方式。更有甚者,连人这种生命的最高形式都可以被物化。所以,西方文化的本质可以归结为物质和精神上的不和谐,忽视体用关系,将物质层次和精神层次断为两截。这些都是西方文明永远走不出的心理怪圈。

历史典故中关于心血来潮的例子，莫过于刘义庆《世说新语》中"王子猷雪夜访戴"的故事，兹录如下：王子猷居山阴，夜大雪，眠觉，开室，命酌酒，四望皎然。因起彷徨，咏左思《招隐》诗。忽忆戴安道。时戴在剡，即便夜乘小舟就之。经宿方至，造门不前而返。人问其故，王曰："吾本乘兴而行，兴尽而返，何必见戴？"

魏晋人物，以竹林七贤为代表，个个风流自任，超尘拔俗，虽佯狂肆恣，但终不失度。这使我想起（也许在这里我有点儿心血来潮）现代人要想复古不是穿汉服、讲国学、办书院就能实现的。

先秦至"两汉"，延至魏晋南北朝，此间的文学皆质胜于文，用孔子的话来说质胜于文则野，我们可以从《诗经》、庄文、屈骚、汉赋、《史记》、"三曹"父子和建安七子的诗歌，甚至萧统的《文选》中发现，这一时期的文学，并不拘于一格，而以率性、直抒性灵为主流，有的文字读起来甚至粗朴无华、简易平常，但套用一句老话来说，"虽粗服乱饰，不掩绝代风华"。为什么是这样呢？我想这一时期的文学，受道家思想浸润太深，而道家文化显然与这一时代是合拍的，道家思想是一种朴素的自然主义，贵在天真，反对刻意雕饰，而恰巧那一时代物质文化也没有发展到细琐精致的程度，往往是能用就好，审美要求不以对称、形似、复杂、凝重、奢华为端，这恰与古希腊和古巴比伦及古印度的审美特点存在着巨大的差异。除去道家文化里修仙成道的虚无成分，中国传统文化中重写意的精神气质在这个时代已发育成形，后世只能继承兼模仿了。这一时期，儒家文化并未占据主流，即便西汉董仲舒"罢黜百家、独尊儒术"的理念中也饱含着严重的黄老气质，毕竟董还提出了天人感应论。儒家太求实，道家则务虚，而这一时期的文化精神则以清虚散淡为主导。所以，儒家入世的思想是与这一时期的文化统绪相抵牾的，儒家之所以能成为后世中国的主流，实在是以佛教东渐的因缘为契机的。

到南北朝时期，佛教已深入汉地中原，所谓"南朝四百八十寺，多少楼台烟雨中"，无论北朝还是南朝，都欣欣然将佛教立为国教，比如梁武帝萧衍就是一位痴迷的佛教徒。佛教之所以能在中原繁荣一时，我想并不是当时的人们对佛教有多深入的认识，相反，却是当时的人们没有真正透彻地理解佛教。魏晋时期清谈玄议的风气很严重，士大夫们喜欢参究道家老庄的经典著作，试图从其中找到安身立命之所，但我想这并没有使当时的知识分子能够真正找到精神的皈依之处，而来自异域的佛教以其高大上的形象让人们耳目一新，似乎一切疑惑都能从中找到答案。到隋唐时期，佛教已深入人心，这个时候的主流社会有摒弃以往的文化统绪以佛教取而代之的倾向。而真正的繁难之处却在于大量佛教经论的流入，人们在浩如烟海的佛教典籍中探究其真实内核时，一种贬抑排斥的心理自然而然地产生了。走得越近，信得越真，就更容易迷失于其中。

到底是佛教征服了中国，还是中国征服了佛教呢？这是一个太复杂的话题。我认为佛教在中国是发生了基因突变，这一突变的诱因是隋唐以前中国式的美学灵氛，苍茫博大是佛教的基本构型，而用来表现它的构型的最优越的文化则非中国文化莫属。古印度是玄思者和苦行者的栖息地，在这种氛围下分娩出的佛教难免不具有神秘气息。原始佛教教义烦琐，经律论卷帙浩繁，名相驳杂，辩论丛生，使人如同进入琉璃世界，影相重叠，故沉溺于其中，徒增劳碌，纷然不知依止于何处，为自身心所困，又谈何安立身心。庄子言：天地之间有大美也，然局限于森罗万象的经文典籍和劳瘁于繁文缛节之中，又如何与天地精神、自然之道相往来。然天地之美的欣赏，如不加以羁约，则人心必受其牵累，又不知其所依止，恍兮忽兮，心驰神伤。故佛教言论文胜于质，而老庄思想质胜于文。两者契合之处，却在其互补性上。佛教之气质，一言以蔽之，在于其认真，在于其信仰，其流弊现之于刻板；老庄之气质，在于其随心所化，其流弊显乎哉放达，不受约制。然两者精神一旦会通，则心有其安立，美有其归止。

一方面，中国更古老的传统是贵重简易而排斥复杂，这并不是说中国古人的头脑简单，而是因为中国的古老传统是一种更注重体用结合的证道思想，形而上者谓之道，形而下者谓之器，一种有用的学说不在于其理论有多复杂和精致，往往能用的就在一两句话中，往往一语道破，甚至言语道断，因此，在隋唐时期才有禅宗的大兴，禅宗的气质太符合中国人的精神趣向了；另一方面，中国的正统知识分子也开始反省这个问题，为什么分明可以经纶济世的儒家思想竟然敌不过外来的佛教文化，岂不是有点鹊占堂坛、喧宾夺主之嫌吗？这一时期，韩愈、柳宗元等以传统文化卫道士的形象出现了。儒学从幕后再次庄重地登上历史舞台，开始了它为天地立心、为生民立命、为往圣继绝学、为万世开太平的历史使命。但这一次的出场，显然夹带了太多私货，已然不是纯粹的孔孟之道了。

小议中国传统文化

中国传统哲学的思想核心是"天人合一"。《周易》开宗明义:"天行健,君子以自强不息"(乾卦),"地势坤,君子以厚德载物"(坤卦)——这是一种人"与天地合其德"(《乾卦·文言》)的思想,指出君子(人)的行为应该和天的运作合辙并序。孟子讲:尽心、知性、知天,可谓天人合一观点的开端。荀子虽然强调"明与天人之分"(《天论》),指出"天行有常,不为尧存,不为桀亡",但他不否认天与人的联系,"大天而思之,孰与物畜而制之?从天而颂之,孰与制天命而用之",这里虽然可以理解为"人定胜天",但也指出天是有"天命"(天是有意志的)的。到了西汉,董仲舒则宣扬"天人感应",讲"天亦有喜怒之气,哀乐之心,与人相符。以类合之,天人一也"。董仲舒阳儒阴杂,走的是阴阳家的一途,实在和正统的儒家精神背道而驰,不免有放辟邪侈之流弊,要知道孔子不语怪力乱神,真正的儒者是最讲求诚敬的。

另外,我们应该知道没有一种经典体系就自身来说是完全圆融无碍、无自相矛盾的,孔子的学说重在阐发人伦至理、疏导人性和调和社会关系,从人所共俱的共同心理特征出发而推己及人乃至把人类社会推向大同,但是,孔门避而不谈形而上的本体问题,势必无法满足一部分中国知识分子的心理需要。于是,延至宋明时期,就有自认为接续孔门正宗的宋明理学的出现,宋明理学固是渊博,它其实也受到了老庄玄学思想和佛家思想的巨大影响,是因不满佛家以有为为赘疣、生死为幻灭和道家的纯粹自然主义的遁世倾向而作出的积极反应,其主旨仍然是"天人合一",与道家不同的是这种"天人合一"思想中人的主动性得到大大提升。但是，理学的消极因素仍在于它的建立禁锢了其他思想的阐发。中国的学问往往就是这样，圣人之道摆在那里，只要你勤于修习能达到或逼近圣人的境界就可以了，不要自己别出心裁、制造异端。而中国化的佛教的束缚力量更是有过之而无不及，乃至现在虔诚的佛教徒只敢奉行修持佛教戒律深入经典而不敢越雷池半步，否则便是谤法毁法，现代文明再先进也无视无闻，佛法之所以有如此摄人心魄的力量，在于其信徒认为它是最根本的，而一切有为法都如梦幻泡影，故举凡一切现象皆不能出离佛法。况在末法时代，只能以戒为师，虔诚的佛教徒们更不敢擅自更张了。

然而，文明就是文明，文明的进步就在于能够自由地去创造，佛法固然有其先进性的一面，但是任何阻滞人创造性的陈规陋俗、深文缛典都应该摒弃，文明的进步就是为了发扬人性而不是扼制灵魂。佛教教人断灭一切烦恼，超越生死轮回，直达真如本体，这种达到彻底解脱的理念是怀有慈悲心的。然而，人就是人，生活在现实世界中，有着七情六欲，生活在此岸就不能对彼岸世界怀有过多的奢想，否则，生亦何欢，死亦何哀？用孔夫子的一句话说："未知生，焉知死？"所以，只要对这辈子负好责任就已经很不错了，何必把一张空头支票羁押在来生呢？

佛家言有为皆妄，那么创造就是一种妄，而创造实在是从没有到有，这也能说是一种妄吗？创造就是一种自由，是无因而生的，而佛家说"妄起无因"，这一句恰好说明了创造就是无因的。

那么，怎样才能对这一辈子负好责任呢？能活在当下就是很好——这就是禅啊。可以说禅是从根本上断疑除惑，它的精义在于直指人心。我觉得人在社会上总会碰到一些问题，喜欢钻牛角尖的人就会纠结，纠结的人私心杂念就多，所以禅就主张放下，要戒断一切妄想，不要向外逐求太多，那么就能识自本心，由戒生定再生慧。禅宗从这个角度来说实际上乃是注重人实际经验和体验的宗门，它不同于哲学——一味地玄想——苦思冥想，所以它是务实的，所以从这一点上说，它是很受用的。佛教教人了脱生死，因为生死事大，若真正能舍生取义、舍身求法，那就离解脱不远了。因为佛教的哲学要叫人意识到无生亦无死，真正的真如本体，般若实相，就是无生亦无灭的，但人要真正地领悟这一点，非得放下一切，才能知晓这一层意思。就我而言，我是从切身利益出发，不想把学问对象化、客观化。人间正道是沧桑，说的也就是什么都经历过，那么就没有什么放不下的了，心如虚空才能包容万物。这又回到禅理，只有心如虚空方是能所俱泯，应机接物，心无所滞，也就是你恢复了原生态的自由。世俗中人的牵挂太多，谁都不能例外，涉及利益时有所取舍是应当的，但处心积虑、挖空心思地去经营，这就犯了大忌。而我们只是抽取一点小道，作为小小的觉悟，有何不可呢？印光大师教导：宁可千生不悟，勿教一时着魔。小觉小悟有时候还不如不觉不悟。我们只是说，"要放下！"那总是很好的。偏重理思或过于着相都是参禅大忌。要懂得随缘任运，领悟到当体即空，即心是佛。才能明白无处不是妙境，无处不是菩提。

　　要相信佛理，但不要迷信。从外面找原因都是不对的，念念驰求，只会造业生惑，所谓的客观因素都不客观，一切都在心内而不在心外。即便业障重重，也是不实因果所致。若能放下执迷，便能狂心顿歇，变成一个觉悟更高的人。

再议中国传统文化

我总觉得明清小说不如元曲，元曲不如宋词，宋词不如唐诗。文字越简练，意蕴越深。古典文学之美，是难以想象的，现在的作品中很少有了。中国的文学就是写意的文学，读出意境就是体会美感。中国古代文学，在我们心中构建了另一个世界，我们因之才有了文化。就像金庸小说，外国人绝对读不出中国味，只有身为中国人，才能体会到金庸小说的侠骨柔情。金庸小说继承了《史记》和唐传奇里的侠士风范以及魏晋名士风度等综合文化因素，它不是意淫，而是为我们构建了另外一个文化空间。

我们还是要受一些古文化的熏习和浸润的，这样，我们在现代社会不至于太孤单。与我们灵魂相伴的如果只有利欲，而没有审美，那么这样的生命形式就太单调了。我们不孤单，是因为我们的心灵世界还有另外一个空间。

最近个人喜欢研究一些义理方面的东西，觉得现在有必要回归于文化。我们生在中国其实是很幸运的，老祖宗给我们留下了丰厚的遗产，就是传统文化，只是我们不太会珍惜。传统文化太重要了，现代人却很难意识到这一点。时人不知传统文化，恰似衣里藏珠而不自觉。现在的社会就是利欲的社会，抛弃了对永恒价值的探寻。价值，从根本上说是审美价值。现在的人都没太多个性，被一种价值观左右。为什么会这样？是技术化的社会、物质化的社会造成的，在这样的社会中，我们只看重实物以及实际的利益，而忘记了人生境界。冯友兰先生把人生境界划分为自然境界、功利境界、道德境界、天地境界很精当。现代社会的人们大都处于功利境界。

中国传统哲人的生活方式是自证、内证，西方的哲人似乎不尽然。中国传统文化在于修正自身，以达圣贤境界。不通则我注六经，通则六经注我。中国传统文化不否认天命的存在，但天命并不是造物主。关于人性这个话题，东西方差异太大了，中国哲人在探究人性方面显然高于西方诸贤。简而言之，中国古代文化一向主张向内探求人性，西方则将人性抽象化，也就是说存在一个外在的、绝对的人性。所以西方文化多是向外，主客观分立；中国传统文化倾向主客观统一，它的根本止归还是关于人，不是关于知识。人本来是主客一致的，怎么能断成两截，主客二分？中国的儒家文化、佛教以及宋明理学中，这种特点表现无遗。中国传统文化就是改善人的气质、造就人格完善的文化，不懂这一点，就说明没有深入其中。

一个文化总有其根本，追根溯源，以正其名非常重要。因此，要考辨源流，切己观察，体用结合，才能得其精义，做到显微无间。传统文化是人学，是气质之学。有人说：总觉得人有一种悲哀贯穿整个文明史。中国传统文化的根本中不存在这种悲哀，《易经》开宗明义，天行健，君子以自强不息；地势坤，君子以厚德载物，多么富有生机，哪存在什么悲哀？其实，在中国传统文化中，天地是有情的，即使不一定有情，但至少有生命。所谓大化流衍，养育天地；乾坤合德，万物资始。中国传统文化里有很多糟粕，这是不可否认的，所以有人就把它看成大杂烩。但事实上，中国传统文化虽不是明灯耀世，但至少也是万古长空中点燃的一盏火烛。

中国传统文化乃医心之药

什么药能治心病呢？从短期效果来看是别人的心理疏导，从长期效应来看是一个人的文化程度。知识再多也没有用，知识不代表文化。西方人把学科分类化、部门化、客观化，所以学者得到的多是知识。而中国传统文化归根结底是关于人的文化，不尚知识，重在体悟。知识，是人对世界对象化的认识。学科，就是知识的分类。人和世界本是一体同观的，人的文化就是一种文化的世界观和人生观，天地与我为一，宇宙与吾同观。体悟就是反躬内省。凡将世界对象化地看，都是割裂了主客体本是统一的这一事实。人最大的心病就是不得究竟，所以为之痛苦。悟道之人没有这种困惑。

中国传统文化的贯通之力

传统文化的精华所在是值得我们反思的一个大课题。我们知道，西方人培养的是专才，中国传统文化培养的是通才。所以，这两种教育模式的优劣高下自现。当然专才教育会使某些学科变得更复杂，更难以驾驭。中国传统文化教育下的君子是可以"修身、齐家、治国、平天下"的，上马能杀贼，下马可经国。西方教育由于专业性导致的复杂性，其实是封闭了自己的门户。那么，为什么西方培养专才？中国传统文化则讲求贯通，这个贯通不囿于门户之见，能把各种复杂的东西简单化为归一的见地。《周易》的核心思想是变易、简易和不易，所谓不易之理，就是吾道一以贯之，就是贯通。很明显地，中国的传统文化是有一个核心观念在的，就是说，中国古代文化不管哪一行业，做到极致都必须符合道，这就是一以贯之的东西。这个道可以说就是艺术的最高境界，所以，中国古代的专业技术上升到极致都是艺术。也就是说，中国传统文化中的通识教育就是教人悟道，这贯穿在中国传统社会的各个行业、各种人群，士、农、工、商无不受到这个道的思想影响，一旦悟道，便能看透看破复杂的事情。

西方教育模式下培养出来的人是专家，所谓专家，都是依据一定行业标准塑造出来的人，是可复制的。而中国传统文化教育出来的人是通才，都是艺术家，都是不可复制的。为什么会是这样呢？这取决于中国传统文化核心理念中的人文主义因素，中国的学问永远离不开人性或人之个性这个永恒的主题。西方人将学科专门化、对象化，把人割裂在所研究的对象之外，所以人就成为一个抽象的、无所依的形式。这就是西方教育的根本。以至于现在的工业化、智能化、数字化，无一不是大规模可复制的，都是割裂了人自身的对象性的客体。所以，我们还是应该回过身来悟道，这是时代赋予我们的使命。

　　这里，要结合我的潜能论说明一点问题。潜能与惯性是一对对立的范畴，潜能是自由度的象征，惯性是确定性的象征。潜能与惯性相互制约、相互转化。中国文化中的道，就是一种自由度，类似于潜能。中国文化中的悟道，就是有一种把惯性上升为潜能的作为；而西方文化中追求知识的确定性，似乎就有一种将潜能完全转变为惯性的趋向。可见，西方文化的道路总体而言是一种不自觉的惰性化（惯性就是一种惰性）的，是将文明驶向一种完全僵化的状态的一种趋势；而中国传统文化则发扬大易生生不息的精神，永远向着文明活性化的方向发展。

对中国传统文化的维护

中国的文化，不去静心体会践行必然流于肤浅，西方人用纯粹静观的态度看待世界，客观理性且深刻。但是，中国的传统文化是一种人文主义，时时刻刻离不开人这个主体，所以客观不来。客观是将世界分立地看，将自我和世界断成两截，对立起来。所以，天人合一在现代人眼里就是一个笑谈，因为现代人浸淫于西方世界的文化及价值观念已经深且久远了。在现代人眼里，天人合一充其量是个口号，而古人则深信之并践行之。

然而，西方人用这种纯粹冷静客观的态度看待世界，却总不会对世界有个终极的理解，他们的智力延伸到哪里就把烦恼带到哪里。东方人讲悟，所要悟的理总在那里，西方人呢，就通过智力的外延去寻找、去构建，最终获得的还是一个玄幻的世界。就因为东方人所要悟的那个理总是摆在那里，而且不假外求，所以东方人只要静心诚意、躬身践行，就可以获得无上的不二的智慧，其根本就是悟道。但是，这里说科学世界是个玄幻的世界就过分了，科学可以有很多功用，也是人类智慧的发祥，只是仅仅在形而下的层面上对人类智慧加以发挥。

西方的哲学家比较起东方人的哲思，有时觉得很可笑，他们有的在数学和自然科学上做得很杰出，但是唯独在对世界人生的认识上捉襟见肘。所以，比较而言，东方的哲学家思考的问题甚至四五千年前就有过，而西人似乎在近世才开始触摸到冰山一角，别的不说，中国的汉字就蕴藏着许多无上的智慧，那可以追溯到远古时代的仓颉造字、伏羲画卦。

关于《世说新语》和《围炉夜话》

今天买了两本书：《世说新语》和《围炉夜话》，已经不喜欢大段大段地看书了，所以买这种短篇的类似笔记体的书，一来看着不累，二来韬光养晦。我正打算学点古文以自娱自乐呢，《世说新语》也许可以弥补一点。与其去看一些无病呻吟或机巧重重的电视剧，不如看点中国古人如何做人的书籍，这还真是有点受用的东西。问题是《世说新语》的基调是越不按规矩出牌，越值得大书一笔，所谓魏晋风度，重佛老而抑孔氏；而《围炉夜话》则纯粹是儒家的腔调。比较对照，各有千秋。爱写诗的人，看看《世说新语》更好，魏晋风流更合诗人气质。平心而论，端正做人，儒家经典确实值得一参。当然，《围炉夜话》也不是什么正宗典籍，看此书只可窥得封建时代读书人的一些掠影而已。

中国的学问研究来研究去，究其根底还是如何把人做好，而西方总喜欢把学问客观化、对象化，越纯粹、越抽象越好，这统摄了西方一切学术，包括关于人的学术、美学、心理学、伦理学等。我想这正是中西方学术的分野和分途所在。所以，中国的儒家讲求内圣外王之道，讲求反躬内省，而西方则好像向外逐求的要多一点，越是客观，越是将人与世界对立化，分为两截。

我今天用了半天时间，基本上把《围炉夜话》看完了，整体感觉是人要都能做到，虽不能说是圆满，但处世应该是无大咎矣。我意识到，一个人活在世上，不要过于乖戾，厚道本分、勤俭朴实是很有必要的。当然，这是我个人的看法，各种人有各种人的活法，如果都按照一个模子，中规中矩地活着，岂不是失却婆娑世界的光彩了？《围炉夜话》中有一节说人面就是个苦字，双眉为草字头，两眼为横，鼻子为中间一竖，下面刚好是个口字。是不是有点形象呢？《世说新语》是鲁迅推荐过的书，但鲁迅推荐的书未必就关键，鲁迅是很反对传统的，这本书正迎合他的口味，当然这是由于他所处的社会环境所致，我们倒更应该正视和珍视传统。但是，今天看来，《世说新语》中所言所载，也成了我们的传统文化。

其实，我们每个人都应该回过头来检讨一下自己，是否有时候过于追逐名利权势，贪图物质享受？我们不能拘囿于小我之中，没有国家民族气运的大局观念，不能逞一己之私利，置苍生于不顾。欲想己身福祚绵长，古人所言的修身之道是必不可少的。中国传统的读书人，其实心中都是有一种天命观的。今天的知识分子应该扪心自问，还怀揣着几分命运感和使命感？我们不能营小私而自构茧，要让天地间长存一个大写的人的形象。

评金庸小说里的几个人物

乔峰：正邪恩怨，明如烈火，惜哉一世伟男，却不知自己身世蹊跷。情义两重天，身遭异变，家国罹乱，情关难破，大义著谁。好事做尽，恶事做绝，皆非自主。孤绝至极，以死了断，命运使然。（写实）

郭靖：成大侠者，挟持者大。为道日损，为学日益。定力非凡，卓成大器。（写实）

令狐冲：狷介疏狂，傲视天地。骨骼清奇，天资禀异，引来仙人指路，尽得清扬剑意。斗酒作欢，任侠使气，往来尽是奇士。仗义江湖，入虎狼之穴而视之若戏。不恃绝学以撼动武林，唯以侠义心肠牵挂三山五岳；广陵重诺，高山流水博得江湖女儿心。（写意）

张无忌：蹉跎人世，孕育奇侠。造化莫非天定，吉人自有天相。一番寒彻骨，尽得梅花香。宅心固厚，成就无匹，欲拨救生民于水火，怎奈儿女情长，英雄气短。（写实）

杨过：一个人的江湖，一个人的沉醉。早厌倦这臭皮囊，只是为情所累。独孤至此，谁人领会，世外仙姝泪。（写意）

周伯通：混混沌沌，一世好奇，心无挂碍。一直活到杨过时代，难得糊涂。

正合这古道西风瘦马，却不见了小桥流水人家。披沥沥寒鸦栖树，昏惨惨碧血黄花。几度夕阳西下，几个断肠人在天涯！

任我行：粗鄙武夫得天幸，江湖屠戮我在行。

东方不败：城府之深，杳若寒潭。天机聪明性乖张，人性妖性俱含藏。可惜不可一世才，尽化痴情系莲郎。

岳不群：一把君子剑，枉作世人笑柄。吟啸江湖，情义为重。禀性重浊，修心无益。本无孤标傲世之天才，亦无涵蓄太清之气品。狂生一统江湖之野心，妄起摄取神功以驭天下之狭念，岂非痴人啼远梦，一笑贻大方。返己归真，善莫大焉；自残其身，罪莫大焉。修来修去，变成绣来绣去，终而羞来羞去也。

再随意乱评几个人物：

欧阳峰：壁立千仞无欲刚，无情无恨毒蝎肠。奇巧不于宗师便，伪学真经失心狂。

黄药师：老邪却念儿女情，自矜自傲自销魂。性情放诞独有耻，不怕江湖丢骂名。

洪七公：侠义最是九指翁，降龙打狗俱从容。若是偷走叫花鸡，莫怪老丐不通融。

段皇爷：痴迷武学忘尘事，终于佛法弃世尘。慈心朗朗乾坤照，拼将性命济后人。

粗读吕澄先生《中国佛学源流略讲》

我以前认为中国佛教是定格在隋唐，看了书之后才认识到，其实追根溯源，佛教在魏晋南北朝时期已基本定型了。后来的宗教只不过是其流衍而已，包括后来大兴的禅宗。鸠摩罗什和僧肇对后来的中国佛教影响很大。

首先是佛教谈空，那么什么是"空"？空、无，在老子看来，只是一个派生万物的逻辑起点，而佛教的意蕴则不然。佛教的意思：空就是无主，是非实有的，所以是空。既然无所主宰，并不是一个超乎其外的东西主宰的，也不是由一个实体生成的，而是纯粹因缘聚合而成的，所以就是空。因为在佛教看来，因和缘都是空，所以都无自性。生是从无而有，灭是从有而无，生灭互相依持，互为条件。也就是说，有无同出一法，并不是在有之外有个无，在无之外有个有。生灭也是如此，属于统一的变化。这就是空，就是无所主宰。

无性之性，就叫作法性；法性无性，只有有了因缘，才有所谓"生"。因缘所生，本自无相，所以虽然是有，而实际上"常无"。因此，这种"常无"也并非绝对的没有。法性没有差异分别，始终是空的，有无虽然看起来相反，事实上仍在一法中并存。

吕澄先生的书上说，魏晋南北朝时期佛教分为"心无宗""即色宗"和"本无宗"，僧肇的"不真空论"分别指出了这些"宗"都不符合大乘般若的思想。大乘般若传入汉地可能是在鸠摩罗什译经之后。"心无宗"对"有"提出绝对的看法，认为无心于万物就是空，至于万物本身是否是空，可以不管。也就是心中无物，不论外有物无物；"即色宗"认为以色为色之色是空，换言之，即认识上的色为空，而色法本身还是存在的。认识上的万物，并非万物之本身，所以认识上虽有色，客观上并不一定存在那样的色。这是相对的讲空，同时也是相对的讲有；"本无宗"以无为本，主张绝对的空，不但心是绝对的空，色也是绝对的空。诸法本无，万物本身就是无，就是性空。"不真空论"说：有是有其事象，无是无其自性——自性不是事物本身所固有的，而是假名所具有的。因此，假象之象非无，但所执自性为空，这就叫作不真空。如果认为有就是有，就执着于有；认为无就是无，就执着于无。真正的大乘般若性空思想是从不住假名开始，以自性无所得为终，借用名言来理解真实，而在各种行中显示出智慧，即到处把般若体现出来。

不说也罢碎碎念

但看风高月夜，几座荒茔，秋虫唧唧，旷野无人。可怜今宵酒醒，却是天涯万里之身。独自悲戚，更待何人！月有恒心常入酒，人无定律巧作诗。寒魂万里风波恶，故垒千山我念空。

青山北麓，萧条庭院，望长亭日暮，归鸿渐远。抚鸣筝以嗟叹，惜流光之暂短。昔我年弱，元气沛然；今我岁增，神驰意涣。

坐秋风于长津，羡花开于彼岸。客心渺茫，心有羁绊。叹大宇之无穷，念人生之有限。潜德幽明，天意不彰，混沦天地，萧条岁光，造化灵奇，物尽含章。先民举首领而聚落，率土缘文化而存亡。

大哉中华，维新之邦！古有诗三百正风，今有快手抖音曲扬。俚俗含蕴大雅，蔓草不欺谷粱。振衣何必千仞，清流自有度量。

今夜，为你写下几行字

我剩下的言语已不多，但愿你能晓得，就在今夜，我苍老的容颜曾掠过一丝不为人知的笑意，那是因为与你擦肩而过迸出的火花，你凄美的回眸，我无措的惊艳……江湖，从来就只是两个人的空间，男人和女人，在因生缘灭中演绎着一个又一个的轮回……我爱，倘我死去，立下剑冢，碑铭曰"刻骨求欢"……

人世间有数不尽悲欢离合，当我被逼上悬崖无路可退的那一刻，我心头升起一种黑色的喜悦……

我爱，请原谅我的造次，我信念的世界因你而找到了支点，从此我会像唐·吉诃德那样纵马横枪，所向披靡……

从此，无语的我选择了逃避，在众多谎言和骗局中择路而逃……

只有我的内心世界是沉默的，一片空寂而宁静，它融化了所有谎言织成的骗局……

我爱，水至清则鱼不能存，屋至净则蛛不结网……我愿意借用你善意的微笑酝酿一场美梦，我骑上梦的马儿，驰骋于梦的国度，去消解我心中焦灼的张力，那里，只有烈酒，没有荒原……

山海关头始皇帝的魂灵依旧庞大，隆隆的列车碾不碎几千年来古老的梦，却斩断了第一个为自己殉情的诗人的灵魂……

那是善良的国度，理性和感性的交织，透明如水晶球一般，虚妄也是存在的，它是创造，是自由，是善意的谎言……

我爱，不管你喜欢不喜欢，沉默的我说了很多话，我用深情的眼俯视那葱翠的原野，我知道在它的地下还有一片荒漠，埋葬着累世的白骨，但那曾经是我迷恋过的中世纪的城堡……

春风啊，你让我徘徊在钟情与淫荡之间，在浇筑了我虚拟的外壳之后，却从来不给我喘息之机，让我的生机无法逃遁，黑暗，也只有在黑暗中，意识之流能够穿透这坚实的泥偶，看见了吗，我飘逸的泪……

那仗义的马蹄声敲击着你的心扉，你的思念深沉而又幽怨，我爱，到远方放飞的不是别的，那正是你曾经叫我捎带的耳语……

有一首歌，我们从少年一直唱到晚年，友谊万岁，举杯共饮同声欢诵，友谊地久天长……

我心中的诗人，纯净的诗人，罪恶的渊薮不在你递给我的酒杯，我们在老人的目光中共醉，化繁为简……

我不相信年幼的你孤独无助，诗人啊，你的早殇纯粹来自你的执拗，丰沛的灵魂不会走失在地下……我爱，我们的爱情是否可以将他挽救……

我们端坐在蒙古人家里的炕头，轮番敬酒，而那虔诚的异教徒们，却不肯与我们歃血为盟……

佛说：众生平等，可是仇恨和偏见是人间和地狱的围墙，理性的阶梯翻越不了这无限的势阱，尽管地狱只在围墙之内，与自由一墙之隔……

我爱，亘古以来我依然回味着今生这一次擦肩而过，据说那是由于前生的五百次回眸，请相信一次偶然吧，那是我斩断仇恨和偏见的第一次发现……

当众人都在呼天抢地的时候，我在命运的角落发现了遗失很久的自由，我爱，那将是不同凡响的一个前奏……

你洞若秋水的眼观察到我的脆弱，我爱，我孤独至久，也许你不用寻找任何证据，就可以牢牢把我系在心头……

天涯复左手抖兄

想我金人，懒残之人，江湖倦客。徒具衰悲之心，难入风云雅会。左兄垂顾，敷文勉之。仅此一联及数语，堪见左兄性情真率，才有隔世之音。斯联者，"怜"也；对联者，岂不对怜乎？所谓江湖夜雨、暮鼓烟霞，唯风尘倦侣恋其萧疏；又渔樵应答、荒江明月，此潜隐之人观其妙旨。斯世混浊，泥沙俱下，有出世之意方可无染于心；然能穷通于万化之机，又显达于纷乱之世，虽高标亦不能举也。吊古伤今，徒慕古贤之遗风，独耻今人之薄俗。天涯芳草，或寻天际之途；大道青天，难辞出世之艰。

在天涯社区"对联雅座"出联"途穷必现荆轲路"，这位左手抖兄妙对"话险未移曾朴心"，且有数言相赠，我亦酬答。姑且引来。

译《黄帝阴符经》节录

"观天之道，执天之行，尽矣。"观察天（自然）的运行规律，合乎自然规律而行事，就可以（尽善尽美）了，此可谓天人合一。

"天有五贼，见之者昌。五贼在心，施行于天，宇宙在乎手，万物生乎身。"这一段话说出人比天更高一筹，人定胜天。自然规律的运行无非是五行相生相克（天有五贼），明白这个道理的人（见之者）必然命运昌隆。掌握了自然规律（五行相生相克的道理），存乎于心，然后反其道而治理自然，则整个世界就可以掌握在手中，也可以以文化化成天下，赋予万物名相、概念，也可以发明创造各种新鲜事物，这些事物无非是人利用自然规律（五行）创造出来的。所以规律是死的，而种种机变则是生的。

"天性，人也；人心，机也；立天之道以定人也。"这一段话是说，人无非也是自然规律的产物，所以人也受自然规律的支配（天性，人也），而人心却是能动的，能利用自然规律产生种种机巧变化。这里要说说"无"。"无"是世间万事万物的本源，不管是有形的、无形的，有生命的、无生命的，有情的、无情的，皆由"无"衍化而成，无极生太极，太极生两仪，两仪生四象，四象生八卦……"无"就是老子《道德经》中的"道"，道生一，一生二，二生三，三生万物……故最原始的规律本是"无"，成为有形有相（也可无形无相，比如人的思想）的事物之后，才有自然规律的运行规律，否则连规律的载体都没有，皮之不存，毛将焉附？

"天发杀机，斗转星移；地发杀机，龙蛇起陆；人发杀机，天地反覆；

天人合发，万化定基。"这一段话中的"天"不是自然规律，而是自然本身，所谓"天发杀机"，无非就是有形有相的大自然按照自然规律运行，我们才看到"斗转星移"的现象；"地"也就是自然本身，但文中将其人格或神化了一点，就会产生地震、泥石流、火山喷发等让古人感到不可思议的现象，而在古人看来"天行健，君子以自强不息；地势坤，君子以厚德载物"。都将"天地"人格化了，此经（《黄帝阴符经》）则重在强调人的机变，从此文可以看出天地的机变多么僵化，事实也是如此。再看人发杀机，那就不得了了，天翻地覆，确实如此，就现在人类社会的文明程度而言，毁灭一个星球不在话下，如果社会再前进，毁灭一个银河系不是没有可能的。重要的是，要知道规律只有一个，人要掌握规律，要与天合德，而不可以滥行其事。只有天人合一，才可以使由"无"衍生的万事万物合辙而行，天下才能稳定，不至于生灵涂炭，动荡不安。

"天地万物之盗；万物人之盗；人万物之盗也。三盗既宜，三才既安。故曰：食其时，百骸理；动其机，万化安。人知其神而神，不知其不神之所以神。日月有数，大小有定，圣功生焉，神明出焉。其盗机也，天下莫不能见，莫不能知。君子得之固躬，小人得之轻命。"这段话是说天地（自然，而不是自然规律）是借万物运行的规律而潜行的；万物是借用人所发现的规律（本已存在的）来潜移默化的；而人本身，这个"臭皮囊"也寓形于自然界之中，也跳不出自然规律的主宰。规律虽一样，但其在不同的载体上有不同的体现，即呈现出多种表象，而且规律也不是完全僵化的，它可以被人们所运用。这样，天地、万物与人自身都要与自然规律相合辙、相照应，才使"三才"（天、地、人）俱安。所以说：该吃饭时吃饭，该睡觉时睡觉，这样四肢百骸俱然通畅；按照规律行事，不破坏规律，万化才得以宁和安详。人类是好奇的动物，他们会对这些看似错乱纷呈的自然界却受相当和谐的自然规律（现在应该是物理规律了）所主宰而感到神奇（人知其神而神），但是不知道本来这些都是很自然而然的道理，正因为这样神奇，所以造业造惑，而不能安天乐命，以致惶惶不可终日。"日月有数，大小有定，圣功生焉，神明出焉。"这些机会变数，天下人没有看不见的。君子对待这些现象不感到奇怪，安身立命就是了；小人则会为这些现象所困扰，而造业生惑。

第三章　文化随笔

《抚今追昔话平生》序言

父亲的书《抚今追昔话平生》快要付梓了,他嘱咐我为他的书写上几句话。作为儿子,我不算孝顺,而且我这半生也让他操了太多的心。对父亲,我确实有话要说,但是有些话我却从来没有对他说过,那么现在我可以借这篇文字来表达了。

在我刚记事的 20 世纪 80 年代初,我们生活在农村,奶奶还健在,我们一家五口人生活在一起,其乐融融。父亲在公社上班,每个礼拜回家一次,在父亲差不多快回来的时间里,母亲就带着我们到庄子前的塘埂上远远地向下观望,那儿有一片竹林,是父亲回家的必经之地,如果有行人走过,影影绰绰的,我们总会辨认一番。母亲就对我们说,这个是你爸,这个不是你爸。她对父亲的动作太熟悉了,以致即使在很远处,她也能一眼就认出他。

那时候的印象中,父亲是一个不苟言笑的人,对子女的态度既温和又严厉,其实,对子女能够做到"温而厉"是很不容易的,但我的父亲却能把握好这个度。因为,不仅仅对子女,他对什么事情都非常理智,从不轻易地外露自己的情绪。到后来,我才明白,这与他学过哲学且有一定的哲学素养有关系。他经常对我们说,哲学就是明白学,要学会一分为二地看问题。总之,小时候,总有这种感觉,我们生活的这个家太像一个家,父亲像父亲,母亲像母亲,若论幸福指数,真的很高。

后来,我们姐弟俩都长大了。在父亲的书中,对我们姐弟俩的成长经历都有简略记述。就说我吧,自高中起,我就在外求学,高中毕业后,考入西北工业大学,大学毕业后,又到兰州大学读研,接着到中科院物理所读博,看起来一路顺风顺水。但是，就在读博这个环节，我的身体出了问题。自那以后，我就回到父母身边，和他们过着朝夕不离的生活。后来我又经历了工作、结婚、生子、第二次读博这一系列事情，我和他们始终在一起。而在此期间，我感受到父母承受力之强大和父亲意志力之坚强。2002—2003年，我和父母三人过着在外流浪的生活，当时所有熟识的人都认为这个家完蛋了。我坠进了精神陷阱不能自拔，每天在绝望中度日。儿子从一个中科院的博士沦为一个无用的病人，父母亲的精神落差何其之大。但是，他们的坚韧和慈爱为我在绝境中撑起了一把保护伞，在他们的护佑下，慢慢地，我开始走出绝境，并且还完成了一些常人难以做到的事情，就不一一细说了。我的父亲，在2010年冬天，也得了一种要命的病，但不知怎的，我们这个家总会有奇迹发生，他竟然坚强地扛过来了。

父亲是个老党员，是个坚定的唯物主义者，而我心思闲远，相信人生在世就是一场修行，也相信命运，但我更相信人通过提高自己的修为可以改变命运。以前，我和父亲经常会为唯心和唯物的问题发生一些辩论，甚至还会升级为争吵，但我和父亲都同样秉持着行善积德的处世原则。父亲这辈子品行端正、意志坚定、信仰稳固且心系人民，他是一个行政干部，始终把为人民群众办实事、办好事作为他的最高行为准则，我想这就是他的修行。

父亲写这本书虽然谈不上筹谋已久，但可能在几年前就有写作计划了。这几年，他的身体已经完全康复，而我也已经恢复元气。父亲想到，他把他这辈子总结一下可能也是一本大书。现在，虽然谈不上岁月静好，但面对成长中的孙辈们，给他们留下一点精神财富也算是有所交代吧。父亲是个有心、细心且用心的人，对于写作，他依旧拿出了他那百折不挠的意志力，用手写下了十多万的文字。这些文字，有些关于自身经历，有些关于家庭内外，有些关于政治时事，有些关于社会民生，我真的没想到老人居然能写出这么多题材丰富的文章，有些文章妙笔生花，有些文章饱含教育意义。他的写作是认真的、一丝不苟的。举例而言，他写麻埠镇、独山镇和狮子岗乡，这些他出生、成长并工作的地方，就进行了多次实地考察，为了收集材料，他甚至还到有关单位收集专门的数据，或者调研当地的地方志。近几年，他还不时地向《皖西日报》《皋城金秋》等报刊社投稿，并得到报刊编辑和有关专家的称赞。

我为父亲的精神所感动！愿我的父母身体健康！愿我的家庭幸福如意！

第四章
思学录
（与恩师范洪义教授交往点滴）

题记：

古之学者必有师。师者，所以传道授业解惑也。

——韩愈《师说》

当哲学遇上量子力学
——潜能哲学发微

我是范洪义教授的学生

早在2007年以前,我就仰慕范先生。那时,我大病未愈,就开始四处找书看,搞所谓的学问,常常因为书中一句不明不白的话,就陷入深深的恐惧之中,一轮一轮,周而复始。所以,母亲很反对我到新华书店看书,因为她真的害怕,儿子这样好像在作茧自缚,并且,这样疯疯癫癫的,还有能力去做所谓的学术吗?我真是一个不折不扣的书呆子,死都不愿与书绝缘的书呆子。2003年,我在皖西学院谋得教职,2006年谈恋爱并成立了家庭。可是,我还在看书,并开始研究量子力学。那时候,我收集了不少国内比较流行的量子力学教材,在学习的过程中遇到疑难问题时,去问当时数理系的主任,往往会受到贬斥。记得有一次,主任说:"以后你别来问我,这不是你能研究明白的。"当然也许他是出于对我身体的关心,但总的来说,他的态度让我很不爽。有谁知道,我曾经是西北工业大学应用物理系的高才生,当时就是因为数学成绩特别好,得到班主任罗老师的赏识,才争取到一个保送兰州大学研究生的名额,本来让我选择理论物理的段先生做导师,可惜阴差阳错,投身到提倡读书无用论的杨先生门下做了三年苦力。我并没有放弃"学问",还是接着钻研,偶尔能看到一两篇范洪义老师写的文章,就知道了范老师,知道他非常了不起,是中国恢复研究生招生制度后的首批十八名博士之一。我带的一个学生许业军要毕业了,他成绩很好,报考了中国科学技术大学物理专业并被录取了,一次他到我家来讨论毕业论文的问题,我问他导师是谁,他说是范洪义,我当时很惊讶,但更多的是羡慕:他竟然能成为范先生的弟子,真是一个幸运的人啊！记得他曾经拿着范老师的一篇文献想和我共同讨论，但是，我只注意到文献中的正规乘积符号"::"，就说量子力学尚且一窍不通，更何况其中还有两个冒号，这是天书啊！

后来，许业军到了中国科学技术大学，我们一直也没有联系过。不过，没过多久，机会还是来了。2007年秋天，皖西学院请范洪义老师来做学术报告。他的报告一个是给教师做的，另一个是给学生做的。我那时正在研究二次量子化中粒子数表象的问题，趁此机会就把自己的问题列了个提纲，等范老师做完报告后和与会者交流时就迫不及待地向范老师发问了。那时的范老师一袭长衫，目光炯炯有神，他对我的思考做出肯定并笑盈盈地回答了我的问题。给学生做的报告我也参加了，这当然是一个科普性的报告，我记得在报告中，范老师提到了多普勒效应，他神态悠然，语速不紧不慢，显示出一种非同一般的亲和力，我们都听得很入神。会后，我还主动去找范老师搭讪，范老师也给面子，并邀请我、同事张波一起照了张合影。私下里，我和陪同范老师前来的许业军交流了一会儿，他说范老师说没想到皖西学院还有我这样学量子力学的，但这不是在搞科研，是在钻牛角尖。

范老师回去后，我就给他写了一封信，向他诉说了我想做一点研究工作，但苦于没有门径，并附上一首小诗：秋光好，昨夜长风未了。软愁疏恨几曾销，海内牵缘乱绕。凌波笑，倾山倒，百年老鬼觅仙脚。碎玉堆成灵台路，幽梦如丝又如草。没想到，这触动了范老师的怜惜之意。我那时还不知道，范老师是个极其爱好古典文学的人，工作之余，很爱写古体诗，所以他也是一个诗人。范老师很快就给了我回复，答应我可以跟他学习，同时寄来了他平日所作的上百首诗，表示他爱写诗，但是限于他的吴地方言有时拿不准平仄韵律，他叫我按照我的感觉将他的诗作一番改动。这下可难坏我了，依我的小智小力岂敢轻易改动大家的作品？但也不能拒绝，这也算是范老师对我的一次考验吧。我只好回复范老师：我愿意去做这件事，但我也不通平仄韵律，只能以续貂之力苟做拙劣之功，且不能卒成。大约花了两天的工夫，我把范老师的诗做了一些改易寄给了范老师。没想到范老师阅后居然说我改得好，只有一两个地方改得不妥当，真是让我很意外。就这样，我和范老师建立起了民间式的学术交往。

读范老师《物理感觉启蒙读本》一书有感

我是范老师的学生，跟随范老师做过几年科研，并从事过十年左右高校物理教学。下面是我从事物理教研工作的一点体会，不当之处，在所难免。

大家知道范老师创建的 IWOP 理论是有关算符的积分方法，他把不可对易的算符通过某种排序之后，居然可看作 c−数来进行积分了，而在没有提出这个理论之前，这在理论物理学界这是不可思议的。好的理论本身并不复杂，但很优美，简约而不简单，爱因斯坦的质能方程、麦克斯韦方程组、玻尔兹曼的熵公式无一不是形式简洁，却都能包罗万象。事实上，范老师的 IWOP 理论正是这种好的理论。那么，好的理论从何而来，是从现成的理论中派生出来的吗？显然不是。

我在中国科学技术大学跟随范老师读博的时候，也时常找一些与本专业相关的问题，想不通的时候，就去向范老师请教，范老师往往不假思索就会道破问题的关键。我当时很不理解，为什么一个问题在我们看来是那样复杂，而范老师一饮一饭之间就轻易地把问题解决了？范老师的物理直觉为什么那么好？通过读这本书，你会明白一种叫作物理感觉的东西。遏制人想象力和创造力的，正是现成的理论本身，而如果没有现成的理论，你又绝对不会拥有想象力和创造力。这似乎是一个逻辑的怪圈，超越这个怪圈，能够遵守规矩而又不被规矩所束缚，那只有借助这种物理感觉。因为理性走不出理性本身，而这种物理感觉在理性的逻辑思维方式之外，可以在各种逻辑链条之间切换，它飘忽而不确定，但确是真实存在的，否则你就不可能有创造力。这也是人之所以为万物之灵长而不同于计算机器的本质区别。

那么，如何寻找好的物理感觉，这本书就是从一个理论物理学家的切身体会出发，结合自己独特的视角为你娓娓道来。我相信有心的读者必能从中得到醍醐灌顶般的启示，培养自己的物理感觉，领会到为学的机趣所在。

以上是我读完本书的一点感情，其实应该说一说我们更为关切的问题。当前的初高中物理教学，据我了解，还是没有离开题海战术模式。做题，是必要的。而认为做题就是学物理，会做题就是学好了物理，是不对的。

首先，我以为，物理学是一门科学，既然是科学，它就不是技术。科学思维和技术思维是不同的，最大的不同点在于，前者是一种宏观上的方法论，是有层次性的，一个物理学家不一定是一个解题专家，但是对一个物理问题的思考，他的深入程度不是一般人可以企及的。而技术思维多在技巧和细节上打圈子，熟了自然生巧，但不能通盘考察问题。

其次，物理学是一门关于物质世界的科学。我们生活在物质世界，无处不是物理，你能用所学的知识去解决生活中的物理问题吗？要知道，生活世界才是立体的、多维的、富有生机的，而纸上的题目则是平面的、定格的、死板的。

最后，各位读者在做题的时候，有没有想过自己会不会出题？会出题，是要有一定物理感觉的，诚如本书[①]前言所说"有物理感觉的学生，当他们从物理教科书本中抬起眼来，脑子中就会有清晰的物理结构，所谓外师造化，中得心源，性灵运成，此境顿生，忽有妙会"，这话说得多好，有感有悟才能进入某种境界，我还要强调一点，做题那种得心应手的感觉并不是真正的物理感觉，因为感悟是对感觉对象的一种总体把握，是通的一种表现，做题只是一种概念的编织，是逻辑思维而不是感悟，

---

① 《物理启蒙感觉读本》。

你如果会出题了，就说明你在某个问题上已经融会贯通、运化自如，可以运用到实践中去了。

物理学发展到今天，集结了太多物理学家的智慧。知识是可学的，而智慧是不可学的。智慧需要历练，我们在教师的指导下，从一些基本方法入手，从模仿到有一定经验，渐渐有了自己的感觉和品位，那就算是有一点门道了。如果能有自己的风格，渐而成就自己的境界，那应该就算是该领域的科学家了吧！

仁者心动（按语数篇）

按：《浅谈慧能的"仁者心动"》——仔细看了范老师的文章，又在网上查阅了一些资料，感觉谈"仁者心动"这个话题的人很多，让我莫衷一是。后来，我想了想，量子力学的测量问题与此话题可能最为关切，或可作为权宜之解。爱因斯坦不是怀疑月亮在没人看它的时候它还在吗？其实，这还要从康德的"物自体"论说起，康德认为有一个经验世界，这个世界是与我们的感知分不开的，在经验世界之外，康德还蠡测有个"物自体"存在，而我们平素所感所知的世界万象只是经验世界，并不是"物自体"，康德设立"物自体"的原因我不太清楚，可能是因为物理世界的客观存在在西方人的心中更挥之不去，物理学就是一个所谓客观物理世界寻求解释的范例。我们人对这个世界都有一些共同的映象，用一个名词来说就是"共相"，用佛家术语说就是"共业"，而物理学就是反映这个共同映象的学科。这里，要借助量子力学的测量问题来说说"仁者心动"，其实这要引用王阳明的《传习录》："先生游南镇，一友指岩中花树问曰：天下无心外之物，如此花树，在深山中自开自落，于我心亦何相关？先生曰：你未看此花时，此花与汝心同归于寂。你来看此花时，则此花颜色一时明白起来。便知此花不在你的心外。"我们在没有观测风和幡时，风和幡动与不动何曾知道？又凭什么知道？所以风动、幡动都离不开观测，观测却离不开人的感觉，至于未经观测的外界到底是什么我们又何曾知道。所以，心动其实就是感觉感知，而这个感觉感知不过是我们的妄心妄念而已，感觉感知之外是什么我们确实不知道，所以从这个角度说，确实不是风动，也不是幡动，不过是我们的心在动而已。也许，月亮在我们没有看它的时候确实是不存在的呢！

按：《习故，锻物理素质》——大浪淘沙，古人给我们遗留下来许多宝贵的经典作品。范老师喜读古文，我也爱读古文，尽管读书太少，学力有限，但无损于我对古文的热爱。美好的文字能让人产生共鸣，并能够激发人的想象力，古文名篇大都如此。古人给我们创造了很多绝美的意境，而文字则是这些美学灵氛的载体，这让我们与我们的文明同呼吸、共命运，也让我们生活在嘈杂的现代社会而不至于孤独。文字贵清通简约，古人名篇大都以极简练的文字包容了巨大的信息量，古诗如此，古文亦如此，当逆境中的你读到陈子昂的《登幽州台歌》"前不见古人，后不见来者，念天地之悠悠，独怆然而涕下"时，你难道不为他这种贯通宇宙八荒的精神气魄而动容吗？当悠游中的你读到王勃的《滕王阁序》中"落霞与孤鹜齐飞，秋水共长天一色"等极具画面感的句子时，你难道体会不到心境俱泯、一片神行的忘我境界吗？当落寞中的你读到《红楼梦》中《秋窗风雨夕》的诗句时，你难道不会感动得心旌摇曳而不能自持吗？

按：《"应无所住，而生其心"的一点触动》——"应无所住，而生其心"是《金刚经》上的一句话，慧能因听到有人诵读这个章句，心有所触，遂有向佛之心，于是到黄梅投奔五祖弘忍。《金刚经》最大的意义就是要人不住于相，"法尚应舍，何况非法"，但这好像与科研人的工作特点相抵牾。做研究工作最重要的是，抓住一个问题不断地深究与琢磨，反复思考，才能有所结果，怎么可能不住于相呢？但我想，也可以从另外一个角度理解，就是既能入乎其内又能出乎其外的处世态度。我们处理正常事务的思维和意识还是要有的，但我们要有一颗"不动心"，那就是勿为外境所扰的"真心"，这样，无论遇到什么事情，我们都能泰然处之，不惊不惧，不嗔不怒，因此就不会增添烦恼，无论外境多纷繁复杂，我们的心还是自在的。

按：《曾国藩谈能量不连续》——曾氏此语出自《冰鉴》，极为后人所重。本义是用以识人鉴能的方法，具有极高智慧。范老师却从中看出能量存在的不连续性，可谓独抒己见。最关键的一句"断者出处断，续者闭处续"，其意为"精神不足，是由于故作抖擞并表现于外；精神有余，是由于自然而生并蕴含于内（译见网络）"，我们是否可以这样理解：精神有余，则视为高能状态，能量的不连续性就不明显；而精神不足，视为低能态，则精神的断续性（也就是量子性）就显示出来了。

按：《描绘灵感特点的绝佳文字》——灵感就是一种无中生有的东西，若有迹可循，则非灵感，灵感往往在静中生出，唯"静"可以斩断纷繁复杂的因因果果，使蒙蔽在理性罗网中的灵感脱颖而出。

按：《李鸿章当铺》——其实，生活中值得玩味的事情很多，细细追索起来，有些事情还真的很有意思。一张字画、一副楹联、一个落款，往往都能挖出来一大堆典故。

按：《从〈石钟山记〉谈理论物理和实验物理》——《石钟山记》虽是一篇关于地理和物理的文字，但也是一篇文学性很强的文章。除了像郦道元、沈括等少数几个世出无多的科学家，古人论学多究人事，而对物理考察不多，苏轼这篇文章可作补阙。

范老师此文视角独特，给出了一个令人服膺的观点，尽管苏轼的文章文采斐然，郦道元似乎点到为止，但是，就探究物理现象本质的层面而言，郦道元高于苏轼，前者是个"理论物理学家"，而后者是一个"实验物理学家"。比较有意思的是，当范老师探寻石钟山旧址时，因地理环境的变化，已经不能重复当年的"实验"，所以范老师对"青山依旧在，几度夕阳红"提出了反诘，这就为本文的文境添加了一种历史的沧桑感。

按：《量子力学狄拉克符号法的化境》——俗语说"出神入化"，臻于化境，则有如神应。化境是一种自由境界，一般说来，只有每一门派的宗匠才能达此境界。我们在武侠小说中可以看到，功夫达到化境，是何等自由，它能驭繁为简，化腐朽为神奇，一个看似无用的东西都能为我所用。枯木碎石，俱是奇兵；飞花折叶，皆为利器。

按：《〈西游记〉中被忽略的一段高级幽默》——细想想，四大名著我还真没有通读过，只是知道个大概，多亏文化界把它们搬上荧幕，让我们还能间接地知晓一些经典。当我们从一些资讯中了解到大多数中国人根本不读书时，回过头来问一下自己，现在的你读过书吗？我很尴尬地回答：几乎不读书了。尽管案前也摆着一些读本，但通常是翻几十页甚至几页就搁下了。古人云：行万里路，读万卷书。由于囊中羞涩，既没钱又没时间，这行万里路是不可能了。但读书一事也休歇了，人生基本上也就算歇菜了。

按：《雅俗共赏的物理学》——所谓雅俗共赏，是立意高而文浅白，流传至今的作品，能在不同世代为人传唱的，没有一个是佶屈聱牙、晦涩难懂的，事因繁而失真，文以约而隽永，所以写诗作文要尽量做到朴实无华，不要堆砌文藻，反倒更具生命力。大自然的法则同样是质朴的，呈现在人们眼前的物理理论也以简约为上，大物理学家甚至用是否简易而美来衡量一个理论的好坏。但是要注意，形式上简易而美的理论，其内涵却往往极其深刻，给人们创造了无限的思索空间。比如，诺特定理告诉我们，每一个连续对称性都对应一个守恒量，这一简单明了的事实却是一个极其高明的指导法则。

按：《"不愤不启，不悱不发"一例》——"不愤不启，不悱不发"，孔子真是一位伟大的教育家，无怪乎他的每一句话都能成为至理名言。从范老师这篇文章可以看出，有非同寻常抱负的人，天生好像就有一种使命感，如此，在后天的努力和实践中，才会有特别的机缘。

按：《谈写专著之难》——真的学问必须是成一个系统的，否则写不成专著，如果零零散散，星星点点，怎么能汇集成书呢？范老师的学问就是很系统的，所以能联系起来，可以"把这些'铜钱''串'起来成书"。另外，真的学问必须能解决实际问题，而不是在自己的小圈里打转。范老师的书就是解决问题的书，它不仅有让人学活量子力学的功能，而且他的书研究的内容渗透到了量子力学和量子光学的方方面面。我想在将来，范老师的IWOP技术和他发展的有关量子力学算符的排序问题会被进一步地开发和利用、发扬光大。这不是我的想当然，事实上，在连续变量的量子信息领域，范老师的理论大有开枝散叶的可能。我手头有范老师的十几本专著。范老师的第一本书《量子力学表象与变换论——狄拉克符号法进展》，在我看来就像佛教的《金刚经》，而《从相干态到压缩态》就像佛教的《坛经》。学习的次第可以由后者到前者，越深入你就越能体会到范老师学问的博大精深。

按：《重读欧阳修〈醉翁亭记〉兼谈王阳明的致"良知"》——在范老师这篇文章中提出了阳明心学在欧阳修那里已经有了萌芽。我对阳明心学不甚了解，乱说两句。其实一切理论都带有人的面孔，不一样的人会有不同的理论，理论只是世界的表象，人为自然立法，至于世界的本征如何，存在不存在"物自体"，实在是不知道啊！

按：《漫谈发现与创造的不同》——我认为，创造是无中生有，发现是开发已有。两者依赖的思维模式是相同的，都离不开灵感、直觉、顿悟，而不同于逻辑思维。这里有个问题是：纯数学是创造还是发现呢？

按：《谈量子论的一路独门功夫》——看了范老师这篇文章，不由得心潮澎湃。我想，在理论物理学界，有不少受惠于有序算符内积分理论的人，他们看了可能也会颇有感慨。一个理论的精华之处在于其变换理论，有序算符内的积分理论（IWOP）便充分展示了物理变换的精彩。学习量子力学，我觉得应该从表象理论学起，而不应该先入为主地让学生去接受波函数的概念，因为波函数只不过是量子态在坐标表象中的投影。另外，也要让学生理解在希尔伯特空间中，任何量子态都可以被一组完备的基矢展开，正如一切振动都可以被多个模式的简谐振动线性叠加而成一样。还有，时间域的物理量都可被频率域的物理量傅里叶展开，等等，诸如此类。以上所说的，都涉及量子力学的表象变换，而范老师的开山之作《量子力学表象与变换论——狄拉克符号法进展》正是将表象变换的思想发挥到淋漓尽致，其中，有序算符内的积分理论这一"屠龙之技"展示了它的精妙之处和衍生能力，正因为算符排序后也可被视为普通的 c 数进行积分，许多物理问题迎刃而解，量子光学中的相干态、压缩态、相空间理论等用全新的数学语言得到诠释，而范老师用 IWOP 理论发展的纠缠态表象更是大放异彩。对于连续变量的量子信息理论，IWOP 理论将会继续发挥其强大的作用，我相信，还有很多内容有待开发。

按：《谈〈散步是物理学家的天职〉写作的动机》——我读博期间，在下午不忙的时候，范老师总喜欢带着我到合肥旧城隍庙市场去散步，那是摆地摊卖古董的地方，摆着各式各样的物件，玉器、瓷器、字画、旧书、印章等应有尽有。我们当然也不会买什么东西，只是看看。但是和范老师一起散步对我来说最大的收获是提高了鉴赏力和鉴别力。俗话说：不怕不识货就怕货比货。去的次数多了，见的东西多了，就知道一些东西的好坏了。在散步中，增长了自己的见识，这样的散步是有意义的。我们在城隍庙转够了之后，总会到附近一家包子店吃几个包子，喝上一口稀饭，范老师说那包子是他吃过的最好吃的包子，而且不贵。吃完包子后，又到三孝口的一家新华书店看上一两个小时的书。然后，华灯初上，我们就乘坐公共汽车回学校，有时，范老师还会在车上打一个盹儿。回忆起来，这段时光是弥足珍贵的，因为这样的生活虽然简单，但非常真实有料、接地气，而且让我真正地贴近了范老师这样一位高人。那段时间，我学到的东西也最多，我现在还能独立地做科研，与范老师那时的教化是分不开的。这样的生活现在是没有了，现在是劳劳碌碌，但一天下来却不知道自己都忙了啥？

按：《理论物理学家：从写境到造境》——范老师这篇文章借用王国维先生在诗词创作上的境界说深刻地阐明了理论物理研究上的"写境"与"造境"，指出"理论物理学家是为自然写意的画家，也有写境和造境的区别"，我想这必定是范老师自己对学术人生反观内省之后的有感之言，从某种角度上说，人人都需要反观自省，但是又有几人能像范老师那样把学问做出境界来呢？有成就的人生经过时间的淘砺才能升华为一种境界吧？无论"无我"还是"有我"之境，都不是刻意去把握某种东西，而是在经意和不经意中达到一种人与对象之间的和谐。

按：《如何评价理论物理学家的水平》——我想：见微知著才是真正的本事，物理学家不同于常人之处可能就在于此吧？如此说来，扁鹊的长兄确实最高，只不过他未将他的医学系统地表述出来，如果真有经典流传，那可能成为医家的圣典呢！如果一个理论是最基本的，无论它的形式多么简单，而另外一个理论形式无论多么复杂，如果都是前者派生出来的，那么，显然前者要高于后者，所谓"万变不离其宗"，独创性总是最厉害的！

按：《从水浒人物史进、王进和李忠看师生关系》——"我呢，却愿意像王进那样，教会了徒弟，飘然而去。"范老师这句话，使我想到了李白《侠客行》里的一句话"事了拂衣去，深藏身与名"，这是隐士的态度。世潮如水，人生无常。想我余生未尽，只合湮没草野之间，虽青磷碧血之下，往往有恨，又奈之若何！

对范老师的学术评价

范洪义老师对理论物理学的贡献是多方面的,有人说范老师的成果直承狄拉克,可称为量子力学史上的一个重要人物,对此,范老师叫我谈谈看法。我很惭愧,作为范老师的学生,工作做得不怎么样,量子力学尚未学通,更没有学到范老师的精髓,所以,即便可以说两句,也未必精到。

我们说,变换理论是理论物理的精华,物理变换可以使本来看似不相干的物理概念或原理联系在一起。变换理论的工具虽然是数学,靠的是人的理性思考能力,但是,发现一种变换理论在本质上却依赖于物理学家深刻的洞察力和杰出的创造力。举例来说,诺特定理揭示了自然界中任何一种连续对称性都对应一种守恒量,这就将对称性和守恒量这两种似乎不相干的物理概念统一起来,成为后来人们深入认识物理世界的客观指南;再如,狄拉克符号的发现将海森堡的矩阵力学和薛定谔的波动力学统一起来,为量子物理学家们创造了一个标准的数学语言体系,这也是变换理论之所以重要的一个具体体现。可以说,在物理学中变换理论就是架设在不同物理领域之间的一个个桥梁,使相对独立的各个物理子领域融为一体。范老师的 IWOP 技术就是这样一种变换理论,它的提出解决了如何把牛顿－莱布尼兹积分应用于由 Dirac 符号所组成的算符积分的问题,使量子力学的数理基础有了一个全面的发展。我们知道,由于算符的不可对易性而通常不能像数那样对其进行积分,范老师的理论给出了一个新的理念,就是算符也能参与积分变换。并且,通过使用 IWOP 技术这个工具就可以把量子光学中的相干态、压缩态、纠缠态等最基础的物理态在算符和表象间互相变换,这样一下子就使整个量子光学变得生动起来，因此得到了相当普遍的应用和推广。

在范老师的学术贡献中，最让人感到简洁和优美的是关于单模压缩算符的那个积分公式，自然界内在的和谐与美能在这个公式中得到一些具体体现。其实，好的理论都是这样的，简约而不简单。从麦克斯韦方程组、玻尔兹曼的熵公式、爱因斯坦的质能公式到狄拉克方程，这些构建物质世界基本形态的数学公式都是这样优雅凝练，而其中却都藏匿着物理学家们的杰出智慧和非凡的洞察力。

何锐续范洪义之《理论物理的形式推导》[1]

我从事量子论的研究有五十个年头了,觉得理论物理的形式推导有一些美学特点。

一、推导有气势,如奔马绝尘。既能往而不住,也可勒缰缓行,欣赏行径风光。又如飞泉直泻,隧引洞穿,以鉴风月。李白有诗言:银鞍照白马,飒沓如流星。好的推导毫不滞涩,潇洒出尘。观其势若飞虹贯日,感其气如九曲回环。故有杜甫赞李白的诗云:笔落惊风雨,诗成泣鬼神。

二、推导形式清空,空不异色,妙有禅机。李商隐诗云:诗为禅客添花锦,禅是诗家切玉刀。好的推导如枯木龙吟,溪流鸣涧。无有不谐之音,却有环外之意。

三、起点于高屋之建瓴,看似荒寒耸建,却气韵生动,可寻味无穷。陶渊明诗云:此中有真意,欲辨已忘言。好的推导信息量大,气象万千。而理论家的推导功夫一如老客参禅,见山仍是山,见水仍是水,然已寓身山水之间,不在俗尘之内。

四、推导体现非法之法,变幻精奇,却天然去雕饰,无斧凿之痕。好的推导必有灵机相随,所以意象环生,然一步一步间不容发,电光火石之际却瞬生妙变。

五、推导雅健清逸,有神韵骨骼。杜甫诗言:庾信文章老更成,凌云健笔意纵横。凡事有气则举,无势不立。好的推导亦气脉通贯,神与意合,不

---

[1] 楷体部分为何锐续。

至于做成愚形。

六、推导简净，却偶有奇趣，浑生别意。辛弃疾词云：七八个星天外，两三点雨山前，旧时茅店社林边，路转溪头忽见。好的推导往往清通简约，形式优美，即便有疑难乍现，也会得到峰回路转的妙趣。

内容不能脱离形式,好的传世的物理理论,其形式一定是美的,不是吗？

范洪义老师寄来的几则禅宗公案

最近,范洪义老师寄给我几则禅宗公案,兹录如下。

一、归宗纠缠

归宗纠缠禅师(？—789 年),江陵人,俗姓李,生年不详。拜谒南岳隐峰法师(705 年—763 年)。

法师云:"什么处来?"

归宗云:"从纠缠处来。"

法师云:"什么物凭么来?"

归宗云:"隐峰善隐,愿闻其理。"

法师云:"说似一物即不中。"

归宗云:"尚可修正否?"

法师云:"修正即不无,耗散即不得。缠在汝心,不须速说。"

归宗纠缠禅师大悟,磕头而去。

二、廓然相干

廓然相干禅师(836 年—904 年),泰州人,俗姓吴。云游路遇岭南大颠法师(780 年—874 年)稽首。

法师云:"还没请教尊称?"

廓然云:"廓然相干。"

法师云:"有什么相干?"

廓然云:"与相干者相干。"

法师云:"见了我,欲将我扩充相干之?"

廓然云:"断不敢。"

法师云:"相干我有什么不惬意?"

廓然禅师以头撞击小树三下,对大颠法师云:"吾宗见汝,大颠拆相。"遂掩面而去。

三、智圆行方

智圆行方禅师(760 年—826 年),豫章人,俗姓许。与云游者岭南人渐行不远(802 年—?)相识。一日,智圆行方禅师与渐行不远经过薛地,见有养猫室。不远拍门良久,未听有反应,遂喊:"生邪?死邪?"

行方云:"生也不道,死也不道。"

不远云:"为何不道?"

行方云:"不道,不道。"

回至中路,不远云:"和尚快道,若不道,找打。"

行方云:"打即任打,道即不道。"

不远大悟,立拜智圆行方禅师为师,后得其心印,大振禅风。

四、略语加修

略语加修禅师(760 年—836 年),河南通许人,师从大师马祖道二。一日,马祖道二问其对人生见解如何?

略语加修云:"太史公语,人固有一死,或轻于鸿毛,或重于泰山。诚如是也。"

马祖问："孰缓，孰急？"

略语加修云："缓着来，不急死。"

马祖击了他一掌，又问："孰缓，孰急？"

略语加修大悟，云："轻重缓急，轻重缓急。"

五、林森不测禅师和破例不容禅师

林森不测禅师（706年—781年），湖南长沙人，俗姓武，自幼学习戒律，长通经纶。一日，有小沙弥来报，说是破例不容禅师来叩谒。破例不容禅师（707年—779年），湖北咸宁人，通天文地理，学者就之者众。

请进来坐定后，林森不测云："从何处来？"

破例不容云："从说不准处来。"

林森不测云："岂有不知来处的。"

破例不容云："因有人创测不准原理。"

林森不测于是请破例不容入一石室，内有蜗牛数只和一群萤火虫。云："请闭左眼看蜗牛。"

破例不容如是做。

林森不测又云："请闭右眼看一只萤火虫。"

破例不容仍如是做。

林森不测道："同时睁眼看刚才看的。"

破例不容感到头昏眼花，拜服在地，道："我今不知我在何处了。"

六、智门不续禅师

智门不续禅师（689年—761年），江西南昌人，俗姓浦，中年出家，深谙宇宙机理。显示万象绵延无绝，却断断续续。

一日外出，遇见师弟智门养光（浙江鄞州人）。师兄弟见礼后，智门不续禅师问："贤弟近来养禅悟得否？"

答："有悟，自然界行为果然断断续续。师兄好见识。"

智门不续禅师云："说不得如此。"

智门养光云："说说不得，却有说不得。弟有一偈赠兄：'既然能量不连续，玄机理趣谁参透。何如情感量子化，省却连绵相思愁'。"

言毕，拱手而去。

按语：

范老师的几则公案，其实是寓物理于禅理中。物理学发展到现代，特别是量子力学的建立，已经由可道之道变成一些不可言说的东西。量子力学的理论依旧可以用数学语言来描述，但量子力学的解释却没有了可靠的语言基础，一言以蔽之，量子力学是不讲理的。简单来说，对于单光子的杨氏双缝干涉实验，我们就找不到合适的语言来描述它，有时我们说光子与自身发生干涉，或者说光子同时穿过两个缝，但这样说是多么荒诞不经，颠覆了我们的经验世界。超越理性的概念、原理和实验在量子力学中比比皆是，如量子纠缠（EPR 佯谬）、测不准原理、惠勒的延迟实验等，Sakurai 的《Modern Quantum Mechanics》的开篇 1.1 节介绍的斯特恩–盖拉赫实验就给我们展示了量子测量和经典测量的不同，经典测量是决定论式的结果，而量子测量却与实验者测量方式的选择有关，测量深刻地影响了量子客体，所以这就涉及主观因素。既然理性解决不了问题，那么还有什么能接纳或包容它呢？无独有偶，东方神秘主义色彩的禅学中倒是有些寓言或公案，同样看似荒诞不经，却深有妙趣。禅学是什么？就我理解，它是弃绝一切言语表象而直指人心的，就是因为禅宗的言语道断，甚至是隐喻式的言说方式，才能有真正的立。利用公案式的问答来描述物理学，特别是量子物理学真是独辟蹊径。

范老师的第一个公案归宗纠缠，可能涉及量子纠缠与隐变量关系的话题，"修正即不无，耗散即不得。缠在汝心，不须速说。"此语耐人寻味。第二个公案，自然说的是量子相干，也很有趣。智圆行方一则公案，则影射了薛定谔猫佯谬，"打即任打，道即不道"一句意蕴深刻。第四个公案，略语加修所云可能是有关伽利略的比萨斜塔实验吧？第五个公案，林森不测禅师和破例不容禅师所云应该是有关海森堡测不准关系。第六个公案，智门不续禅师所云则可能有关于能量量子化的问题。读者细细品味，我想一定会有所得。

范老师是物理学家，他一直追求利用数学语言来刻画物理学中的和谐与美，但是，我想作为一个童趣未泯的智慧老人茶饭之余总不忘幽默一下，于是就有了这几则公案吧。读者可否当作寓言一览，以资解颐？

李鸿章当铺

昨天，范洪义老师给我寄来一封信，信的内容是：

何：

6月20日，我路过巢湖附近的柘皋古镇，在街上转了一圈，看到有《李鸿章当铺》的标牌，就入内参观。内墙上有砖雕，雕的是五个老人围坐在阴阳太极图旁讨论问题。两边刻有"左宜右有"。回家后在网上查这个古老的成语，它是指适宜，适合。形容多才多艺，什么都能做，或形容才德兼备，则无所不宜。李鸿章当铺将这个成语作为座右铭是李鸿章本人的意思呢，还是他的代理人的主张呢？我不得而知。

向你请教。

范

范老师这么高的学问，居然说"向你请教"，真是不敢。转念一想，其实，这应该是老师给我出的一道题目吧？实际上，我对这个问题也惶惑不解，于是就上网找些线索，有了一点自己的认识，就给范老师回信了，我的信是这样写的：

范老师：

您好！

看到您寄来的信后，我上网查了一下，我先搜"李鸿章""左宜右有"这两个关键词，后来又查"当铺""左宜右有"，都没有发现什么蛛丝马迹，再后来我又查了"太极"和"左宜右有"这两个关键词，发现这两个词之间有些关联：

1. 清代赵抱真注解周敦颐《太极图说》中有下面一段：

"故曰：立天之道，曰阴与阳；立地之道，曰柔与刚；立人之道，曰仁与义。"

此《易·系辞》之说也。阴阳、刚柔、仁义，谁不知之？所难者，立其道焉耳。立者，立乎其先，而怡然涣然，不著于欲，并不著于理，而阴阳、刚柔、仁义莫非此怡然涣然者，生生不穷，而**左宜右有**。谓其阴而又阳，谓其刚而又柔，谓其仁而又义，溥博渊泉而时出之。而所云天地人三道，亦旁观者分之，而在己并无容心也。敛之藏一心，放之弥六合，握中和之准，定位育之功，非具盛德，其孰能与于斯！

2. 清代太极拳家陈清萍作的《太极拳总论》中有歌云：举步轻灵神内敛，莫教断续一气研；**左宜右有**虚实处，意上寓下后天还。

这样看来，"左宜右有"和"太极"的关系比较大，而与"李鸿章"或"当铺"的关联倒不是特别大。所以，"左宜右有"未必是李鸿章专门的座右铭，但这个雕像却恰在此地此境中道出了"李鸿章"左右逢源、无所不宜的能力。

我是这样理解的，也不知道是不是恰如其分，望您详审。

此致

敬礼

何锐

2017 年 6 月 20 日

略评范洪义教授《重读〈醉翁亭记〉》诗一首

最近范洪义教授寄给我一首诗，并嘱我就这首诗发挥一点感想。下面是范老师的诗：

重读《醉翁亭记》

琅玡享名仰欧公，太守之乐与民同。
禽鸟羞见真游客，从人怎知假醉翁。
花抖精神因观赏，月行天际随万众。
如今时髦量子论，应在物我混沌中。

此诗立意深远，似不太好解。愚不揣鄙陋，强作解人。"琅玡享名仰欧公，太守之乐与民同"一句与《醉翁亭记》中太守"醉能同其乐"相照应，说明了欧公在看似歌舞升平的盛世中能够与民同乐，也说明了山川地理会因人而名，造化钟灵矣。"禽鸟羞见真游客，从人怎知假醉翁"一句话锋立转，即有弦外之音，禽鸟只知山林之乐，越清幽越好，故曰"羞见"，而不识游客亦有喜爱山林之雅意；同样，与太守从游的人，与禽鸟一样，只识太守表面上的快乐，而不知醉意朦胧的太守其实心中明明白白，有不可言说的苦恼，正所谓"知我者谓我心忧，不知我者谓我何求"。"花抖精神因观赏，月行天际随万众"，此一句说明了花月本是无情物，但却因人的心境而似乎变成了有情之物，这句诗同时也说明了诗人在诗兴正浓时，能够物我两忘、主客为一。注意此句化用了两个典故，一则是王阳明夫子的"汝未看此花时，此花与汝同归于寂。汝来看此花时,此花颜色一时明白过来。便知此花不在汝之心外"。另一则是爱因斯坦的"月亮在无人看它的时候它还在吗?"这两个典故甚为有名,不必细说,但为什么用在此处?且看最后一句"如今时髦量子论,应在物我混沌中",点出了如今量子论的尴尬之处,大家知道,量子测量可以改变客体,测量来自意识主体,这就说明了主客本来就是不可绝对断为两截而对立地看待。全诗逻辑清晰,哲理深刻,借重读《醉翁亭记》为题,表达了作者的哲学观。

《抚今追昔话量子》后记

抚今追昔话量子是一个诱人的话题，范老师在本书中主要是站在中国古圣先贤的视角位置来展开这个话题的。但是我们知道量子论肇始于 1900 年普朗克的能量子假说，如果追溯往昔，在中国古代根本就没有科学，那么量子论又从何谈起？但事有因缘巧合，人类文明的价值不能全部归功于物质至上的科学理论带来的福利，量子玄机至今无人能够道破，而恰恰东方人尤其是中国古代圣哲的思想和理论与量子论似乎有相契之处。别的不说，玻尔设计的自己家族的族徽就是中国的太极图，这不仅仅是一个比附，因为按照他本人的意思，太极思想完全包覆了波粒二象性的理念。（太极者，无极而生，动静之机，阴阳之母也。太极，既不是阴，也不是阳；既不是动，也不是静。但是它包含了多种可能性，具有无限自由度。如果你从动的角度去考察它，它就显示出动的性征；如果你从静的角度去考察它，它就显示出静的性征。对于阴阳也是一样。那么，它是什么？它既不是动，也不是静；既不是阴，也不是阳。但是它却包含各种可能性。我们再看波粒二象性，观察者如果从波的角度考察微观客体，它就显示出波性；如果从粒子的角度去考察它，它就显示出粒子性。但是它既不是波也不是粒子，而只是一种可能性。如此说来，太极思想和波粒二象性几乎如出一辙，而且前者完全涵盖了后者。）

在本书开篇引子中作者引用的梁启超先生所言："中国学问界，是千年未开的矿穴，矿苗异常丰富，但非我们亲自绞脑筋绞汗水，却开不出来。"如此说来，一般人遍览群经、搜求典籍未必能在中国的古典文化中找到量子论的矿脉。但本书作者不一样，范老师是一个在理论学界开宗立派的人，且有着非常深厚的古典文化修养。诚如作者所言："量子的时髦，自然引来众说纷纭，唯在量子园地里'种过树'的人才可能有较深刻的体会。作者历经50多年的理论探索，对发展量子力学略有建树，如何结合中国古贤（庄子、王阳明、王夫之、袁宏道等）的思辨较好地理解量子论，抚今追昔，是本书的宗旨。"所以，范老师对古典文化矿藏的探究和开发，往往独具慧眼，发前人之所不能发，道今人之所不能道。

中国传统文化认为，大道其实是相通的，正确的哲学理念往往是引导人们发现真理的金钥匙。比如，爱因斯坦就认为一个好的理论往往都是美的、简约的，他还说，不是实验决定你去做什么，而是理论决定你去做什么。我想，正是这样一种直觉式的领悟引导着爱因斯坦突破原始的牛顿时空观而发现相对论的。爱因斯坦是一个通人，不是专家，用中国古人的话来说就是悟道真人。唯悟才能通，悟的正是由普遍而归一的大道。其实，量子论体系的建立，也是众多物理学家渐悟渐通的结果，正如本书所言："综观量子力学的诞生到现状，就是一个从悟到通的发展进程。普朗克把长波辐射和短波辐射的能量曲线融通，德布罗意把粒子和波融通，爱因斯坦把原子发射光的量子化和光的传播量子化融通。玻尔把光谱线的整数规律与电子轨道之间的量子跃迁融通，海森堡、薛定谔在自己悟到的领域都力求做透、做深、做通、做美。所谓不通一艺莫谈美。然后，又有狄拉克创造特别符号，既能反映德布罗意波粒两象，也融通薛定谔表象和海森堡表象。玻恩的概率波解释可以同时将德布罗意波粒子两象、海森堡不确定性和薛定谔方程解圆通，可谓将物理感觉上升到物理通感。"量子世界，包罗万象，何其不同又何其相似，无不体现大道归一！用范老师的诗来说就是"万象……乾坤一式描"。

范老师对古人思想的取采，又可谓精思纯虑、独抒新意。比如，《曾国藩谈精神（能量）的断续》一篇中，用精神类比能量，很有见地。在《系统状态与观察者并存》一节中，范老师借用王阳明那段著名的语录"汝未看此花时，此花与汝同归于寂；汝既来看此花，此花颜色一时明白起来，便知此花不在汝之心外",阐明了为了明白物理性质,需要心去体验这一思想,"自然界有许多质是独立于人们的意识而客观地自存,如形态、大小等,这是事物的第一类质;但还有第二类质,其起源不来自事物本身,而是从人的主观感觉的作用而产生的,如气味、色彩等"。

就我而言,在对客观世界的认识上,我觉得我和范老师是一致的。我一向以为,客观世界是存在的,但因人认识世界的方式依赖于我们的感官,而我们的感官生而受限,所以我们对世界的认识是有一定限度的,也就是说所谓的物理学既有取决于我们感官的部分,又有一定的客观性。这就不难理解,范老师在该书中所说的"在某种意义上,物理是一种多元的描述自然的文化,寻求规律可谓劈空抓阄,故它在理性思维上高于普通文学。这就是为什么物理学家要在认识论上下点功夫,不至于误入歧途或随心所欲地解释。换言之,物理学家,尤其是搞理论的,要有基本信仰"。再比如说,范老师在谈他发明有序算符内的积分技术的灵感就来自想象自己是外星人,有特异功能,能一眼将不可交换的算符看作可交换的,大脑中能自动地将无序的算符排列成某种有序的结果。特别是"以正态分布理解玻恩的几率论"这一节,范老师将感知这个要素极为自洽地融入量子论的发现中,这些都颇具启发意义,读者不可不察。

此外,在"从光子的产生——湮灭机制谈量子力学的必然"这一节,范老师引入"不生不灭"这一观念,强调了用生灭次序的不可颠倒性来解释玻色产生、湮灭算符的不可对易性,从而自然而然引出量子力学,这一解释非常合理且蕴含了一定的哲学思想。

该书是一本奇书,需要用心去读,才能触发灵机,倏然有会心处。大匠能示人规矩不能示人技巧,但该书的题材却融巧妙与精思于规矩之中。读者若是有心人,定能领略作者苦心。

评范老师的一首诗

何事引得夜禽啼，孤客坐起一掸衣。
月阻云门拂晓迟，星散盘沙钟漏稀。
春雨绵绵柔柳枝，草色茸茸迎晨曦。
浮生漫道天演趣，应向风光求露滴。

  此诗首句为我们展现了一个夜深人静的场景，但夜有多深、人有多静却不着一字，只需那孤独的一个人在坐起之时不经意间掸了一下衣服便惊起夜禽的啼叫，即可知道确实已是万籁俱寂，一点些微动静便引起大自然的骚动。第二句对仗工整，以月阻云门、星散盘沙为缘，亦在点明长夜未央，拂晓迟、钟漏稀则更显长夜漫漫。第三句话机一转，天快亮了，东方晨曦微露，绿柳扶风，草色融融，一时间便活泼起来。第四句意境更为幽远，大自然造化之神奇，不须别处寻求，且看那霁月风光里凝结的露珠，便是一得。此句也暗喻，第一句中的孤客在经过一夜长虑之后，正当百思不得其解时，忽然茅塞顿开、忽然明了之意，有一种"蓦然回首，那人却在灯火阑珊处"的感觉。

卖书记

　　我师从范先生一年有余了，范先生1947年生人，在物理学界乃海内名家。先生是生而知之人，才思敏锐，博闻强记，常能一目十行。自行著述书籍16册，皆自己科研成果之汇总，且老来著述不辍，犹有新篇垂范后人。先生酷爱古典文学，尤自爱写诗，尝言："能写一首好诗常常比写一篇论文还要难，需要灵感和顿悟。"先生写论文，可谓点铁成兵，随意找来一张纸，只要与专业方向有关，一经他过目之后，略加思忖，则遂可能成一文，吾辈不能及其万一也。先生形象高大，目光深邃，须发皆白，延致眉宇。因一生周济众学生无数，尝自比于鲁智深，说其"鲁"，是因为先生坦荡光明，心直口快，从不溜须拍马，也曾得罪过不少旧权新贵；说起"智深"，那是自然，先生虽然一生落拓，但能力超强，曾自辟蹊径，独创一套算法，独步国内理论物理学界，也解决了理论物理学中的不少问题，且先生不是皓首穷经的腐儒，动辄有崭新观念，其见识吾辈常不能及。而且先生常说自己帮助别人，从不计报酬，想我与先生相识六载，为学一年，先生平时所作所为，又何尝不是如此！先生是怀才不遇之人，但从不因未评上院士而抱憾。且先生平生生活极其简朴，犹不喜浪费，尝言"浪费就是犯罪"，举一例言之，先生曾于旧城隍市场买了一件七十块钱的外套，穿上后感觉甚好，遂又去买了一件，不知者谓其太邋遢，整个秋冬季节未见其易过一服。由此可见，先生风度颇似魏晋名士，因一人独居惯了（其爱人和女儿都在国外），先生生活需自己打理，魏晋间常有人说扪虱而谈，先生在学生面前，也时常不拘小节，时至炎热天气，身上有汗，先生有时不经意间捻其身上汗渍与灰垢搓成长条形，转而团成小丸，谓之"逍遥丸"也。

年近炎夏，热浪滚滚。学校欲举拆迁之事，先生也被迫转移。因廉颇老矣，校方已不再重视先生，原来有两间房的办公室现在只分配一间斗室给他。先生一生看书买书，原来的房间里堆积的都是书籍、资料与文献。先生一生与书相伴，其实，先生最不能割舍的就是这些图书资料了，现在因一间斗室的空间已容不得他装载那么多书。先生虽然于心不忍，但与其做废品处理，不如能送与自己学生的则送与学生，处理不了的则卖，用先生的话说："让书也得其所归，我也心安了。"今日卖书，先生邀我脚踏三轮车，至学校食堂前对面的法国梧桐树下，将书一一摆下。姜太公钓鱼，愿者上钩，有不少青年学子看见一白发老者前来卖书，心中好奇，就簇拥过来，因先生的书籍不少是20世纪六七十年代积攒下来的旧籍，有些颇具收藏价值，卖得也算不错。每一学子买书，先生则将其呼之近前，说："我是名家，需要不需要签名？"想见先生老来寂寞竟至斯也。学生往往都看这老者不俗，遂让他签名，于是他就用秀丽清妍的行书写下一行寄语并附上他的名字馈于学生……

此为一记。

2013年6月28日

第五章
灵飞集
（个人诗作）

题记：

念天地之悠悠，独怆然而涕下！

——陈子昂《登幽州台歌》

念我英雄

老去堪悲，珠黄玉碎。大哉江湖，何处遁迹。
草际风行，烟云黯淡。念我英雄，一生唯憾。
枯木龙吟，雪夜花绽。念我英雄，生不如愿。
蛩鸣不住，秋蝉抱树。念我英雄，生不如物。

兴亡叹

踏破江南二十城，
春风细软花事轻。
望月楼头空挂月，
离人枕上独怜卿。
亭台依旧翻紫燕，
野岸萧条乱古津。
物是人非凭谁问，
兴亡不尽浩叹生。

世外小仙

人世间
情义两重天
正悲秋气锁重山
兴尽回舟难
自来自去无人管
何足道
世外小仙
洒泪绝人寰
明月在东山

僧归何处

若得袈裟袭我身，
水云深处一蓑行。
寒天漠漠僧家远，
风入禅门曳孤灯。

乡 情

闻道江山远，
寄思故乡春。
白桦林中绿，
乔木初长成。
田园有醉客，
梦景入林深。
乡风尤灌耳，
朝露浥轻尘。

春 半

事事年来半成空，故园春减聚残红。
试换心情寻醉去，委托舟马寄萍踪。
放眼江湖嫌日短，跻身庙堂耻志穷。
最是古今行吟处，一样风光别样风。

我与太极拳

当年甘陇遇吾师,传我一百单八式。
身有宿疾无望除,命不该绝得拳续。
苦练三年旧病扫,生机重焕殊不易。
奈何三年未入门,别师他处谋生计。
一去十载音书隔,其中苦恨难数喻。
旧年心思已成空,三载功夫尽自弃。
岂料痴意未断绝,老大重拾旧时趣。
二次习拳又七年,常恨师尊在北地。
二零一五返兰州,吾师为我调架子。
皋兰山下练拳人,今与昔比面目异。
犹记当年手植木,今已亭亭如盖矣。

初 夏

已至初夏情更愁,纷纷扰扰事未休。
案前堆书无心阅,枕上闲梦不足偷。
人到中年志已短,身在歧路时堪忧。
何当借得一日暇,水云深处坐钓舟。

读范老师诗自勉一首

人生一倏然，在世当自勉。
惰者觉时疾，勤者觉时缓。
自在不可得，追思已逝远。
珍重当下意，使之不等闲。

春　思（清华访学时作）

抛家傍路，万里思乡客。
春情几许又奈何，无计留春驻。
杨柳丝丝新绿破，桃花开时杏花落。
春如海，一任鸢飞鱼跃。
东风耳语增寂寞，半日闲闲催日暮。
明年春来，我当辞京洛。

春二首

（一）

今年春半人未还，
春寒未了病未痊。
离家千日常自悔，

落魄生涯总偷闲。
最爱乱花丛中走，
不辞胡姬酒肆眠。
二十年来一腔恨，
如今纵有已惘然。

（二）
春半人未还，
春寒病未瘥。
离家常自悔，
落魄总偷闲。
乱花丛中走，
胡姬酒肆眠。
廿载一腔恨，
纵有已惘然。

清　明

又到湿花落雨天，
愁心黯淡草凄然。
入肠也是温热酒，
不减清明一分寒。

式微四首

（一）

二十年前叱风云，道阻他乡遗魄魂。
而今重蹈前缘路，已无造化再扬尘。

（二）

二十年来事尽哀，劫海茫茫多少灾。
子规声里难诉尽，明年花谢又花开。

（三）

当年忧苦种恶缘，一片狼藉弃此山。
不憾青丝变华发，唯恨碌碌又经年。

（四）

五月芳菲已去哉，繁花化作洛城埃。
自古风流难同赏，由来兴味费人猜。

定胜天灾（新冠疫情防控时作）

今年病疫费人猜，猝然神州降天灾。
东风送暖回春日，瘴气窥人索命来。
试问天地谁做主，敢教生灵如刍狗？
十四亿人皆同力，定胜瘟神重抖擞。

自 嘲

甚矣吾衰矣！

忆平生，江湖历久，沽名博号。

也是英豪座上客，不意这般潦倒。

逍遥二字当珍取，忆往昔，走马夕阳道。

而今庭院锁深秋，负手东篱，输于黄花俏。

算今宵梦浅，独醉人寂寥。

仿杨慎 临江仙

千古兴亡多少事，风月依旧寻常。

中原碧血溅花黄，

江南几分秋，塞北雁南翔。

野渡荒村残照里，人世几度寒凉。

且拼浊酒尽余欢，

相逢唯一笑，醉里乾坤长。

满江红·一苇

纵横江湖，观天下，狂心未歇。
今回首，四十有六，无稍功业。
一世萧条了禅机，十年破壁图自在。
料残生，风雨多歧路，亦难越。

桃李花，开又谢。
昔时梦，何曾灭。
纵一苇，莫问江南江北。
不闻君王天下事，但传妙法我西来。
历千古，悠悠岁月往，赋此阕。

无 题

莫嗟前缘定，人事却不同。
多为痴心误，少有愿力宏。
明月如我心，乾坤一鸿蒙。
道通天地外，思入风云中。

思舅父

虽然百年身,终归方寸地。
世间有定理,人人莫相违。
生既为灵长,无形蕴智慧。
音容已谢灭,精神照宇内。

新时代的堂吉诃德

古道西风瘦马,
仗剑走遍天涯。
思古幽情难寄,
熟读金庸武侠。
赤条条来去无碍,
生出来意气勃发。
结发妻是渔家女,
梦中人号蝶恋花。
秋风不解风情,
乌雀难酬大雅。
可惜生在蓬蒿,
池浅尽是王八。
御街前四处闲逛,

状元坊胡乱涂鸦。
科学院做过长工，
疯人院在册名家。
运交华盖天意，
数奇不论我他。
遇上慈悲老道，
横枝生成竖枒。
弃剑又翻新书，
沉疴更念物华。
朽木岂能逢春，
且听渔樵闲话。

杏花运

北国的杏花
开在大铁围外
我随手摘下一只
拴在我的心上
如此别致
否极泰来

秋光好

秋光好，
昨夜长风未了。
软愁疏恨几曾销，
海内牵缘乱绕。
凌波笑，倾山倒，
百年老鬼觅仙脚。
碎玉堆成灵台路，
幽梦如丝又如草。

秋风刀客

静秋时节
一片落叶
无从说起
它的悲欢离合

风带着伤
吐露着杀机
玩弄着生机
展现着刀的情结

月满长安

看满街黄菊

据说与青帝有约

明年应共桃花舞

刀客三千

饮恨黄泉

却也杀人百万

堆起白骨撑天

今年饮酒

隐然看见

原来黄花踪影

却是那年

梦绕魂牵

星月歌——勉众学子

　　最寂寥，是青灯伴影，披孤月，戴残星，暗夜敲棋无着应。日日厮磨，夜夜不消停，赶却天边月，迫走晓寒星，雄鸡未啼，读破人间几册经。卓然有所悟，成就出世入世才能，方才与时俱进。终不悔，青丝变华发，一番沥血呕心。

若把今朝醉迷离,换做今宵沉沉睡。有负天,难辞其罪。莫羡他人理万机,只嫌人生苦短无机会。向来英才多磨砺,接引须从扶摇去。叹天若有情天亦老,历百代金人亦有泪。有负天,终难追悔。

五 月

五月,天上的云撕扯开来
开始酿造着一个个阴谋
雨变得更绸缪
五月,要提防
提防着雨季的到来
一个乐天的人啊
最容易遭受屋漏
只有绿变得更坚强
青出于它

夜雨秋灯

寒门夜雨,
秋灯照影,
一派风华漠漠。
理残羹,

照颓颜，
谁解此生落寞。
堆垒书山一脚过，
伤心残笺无数。
若只等闲还须愁，
英年错落。

自　嘲

山人应识桃溪路，
自古归去无数。
杜宇歇时风不驻，
惹得一江春怒。
今年人，不如故，
更把流光误。
输于渔樵论典故，
数经论，无一达诂。
惭愧卅载重学步，
应笑家山遮颜护。
重瞳力有天公助，
子建成诗七步。
可怜鬓斑仍不悟，
犹似蚍蜉撼树。
无奈南柯一梦醒，
自忖残生如何度。

鹰

夜，如同我的心
一般沉重
枯萎的梦境
黑暗与黑暗交织在一起
不知道
那是否是
岁月的火焰
火光中
分明荡漾着阴险的诅咒
邪与灵
开启了天门
那话语的闪电
如同苍鹰的利喙
在血光之城的上空划过

学戏文

且看那荒村野渡，古木夕阳，也曾是兴隆道场，现如今却无人行赏，乱，必寂；兴，必亡。人人识得君王面，不知那过路樵夫，却是当年李闯王。

只见那车水马龙街，灯红酒绿地，妖娆婆娑步，轻歌曼舞场，一回回醉生梦死，一个个粉墨登场，浑不觉今年人不似那去年样，哪一曲能唱到地老天荒。

作业的作业，癫狂的癫狂，莫怪我性情太乖张，怨只怨，这半生潦倒无主张，凭栏无限望，醉同西风赏。

世界之熵

这个世界
阴冷，潮湿
也看不见光的影子
年深日久的夕阳，懒懒的
似乎只是一个铭牌
而并不是一颗璀璨的眼睛
很多情绪和欲望
也无法发酵
人们丧失了动机
无目的地游荡
梦境变得清晰可怕
一个卑微的灵魂
把预留的热
供奉给没有声息的生死场

遣怀一

血色染苍穹
醉意朦胧
此心寂寂复空空
潦倒一时英雄
大天雁去无迹
黄云漫卷流风
此夜未闻金缕曲
伤心人上小楼东

欲引弓
射破穹窿
这怕无人竞雌雄
此生心意谁与同
细步微雨中

穿花应笑情丝少
共落英
一任秋风扫
洛城西畔路人稀
依然新茔旧冢连绵草萋萋

春 行

不见春山久,
欲向春山行。
桃花枝上乱啼莺,
行人踏破香径。
无奈又是清明,
心随雨丝飘零。
惯看尘世乱纷纷,
百年后,
山野一座孤坟。
谁记牡丹亭?

梅花诗——和范老师

梅花新影伴雪晴,闲庭不入赴琼林。
几许孤标傲尘世,一怀香绪赋文心。
莫恋老枝春行早,且喜桃李蹊径新。
自是明年花又发,花开何须待东君。

吊岳飞

寥落风尘几处花,
江湖流转不知家。
心似无由空自许,
梦是难凭莫相夸。
侧身天地谁啼咏,
独立苍茫自兴发。
莫道威仪凛百代,
弥天怅恨漫无涯。

（文中重叠字太多，其中第三句嫁接了国学大师马一浮老师的"侧身天地常怀古，独立苍茫自咏诗"。行家是否觉得只这一句有点精神？）

祝酒歌

重阳佳气抖精神,
把酒言欢邀几人。
心绪多因秋气满,
诗兴半借酒力醇。
且入黄花魂一缕,
应添白露意三分。
莫道苍山多缀色,
最忆当年李将军。

春思三首

半日闲来忙赋诗,
春归已远却未识。
去年书案尘封久,
病入新年又增痴。

人间三月太匆匆,
梨花才落桃花红。
柳岸无人闲春恨,
草色连延向晚空。

黄粱梦里到帝京,
灞陵十里独凭春。
如今散作秋风客,
倦马颓颜卧萧村。

无题三首

谁人解得赏花诗?
去年犹看长安菊。
今年名落孙山后,
故垒西风正单衣。

一派秋风漠漠吹,
月上中天北斗低。
自是乘风邀月去,
冲天人踏彩云归。

梅是精神雪是心,
零星做伴月为邻。
家国此去三千里,
梦到天涯不见君。

游龙井沟

松风竹海泉有灵,
双峰竞秀故山青。
看是寻常一丘壑,
谁言曾纳百万兵?
夏令蝉声空自在,
昔年草木乱成荫。
况有奇石镌反语,
路人皆似黄将军。

（龙井沟是我的家乡独山新开辟的一个景区,此地有黄巢尖和打鼓尖双峰并峙,传说曾是黄巢屯兵处,我的故乡小镇亦名曰双峰。）

饱 食

行走市井里，若个是知己。
酒足饭饱日，无悲亦无喜。
锈剑已无锋，何人恋客踪。
老去不足论，昏黄一日终。

遣怀二

二十年来不定根，此劫过后彼劫临。
也是父母生养骨，怎奈天机断灭恩。
孤怀有幸存一脉，先生怜取续命身。
一心未死难图报，且向苍天索精神。

深夜作九张机

一张机，人生识字最堪悲，少小离家老大回，屠沽酒肆，寒门陋巷，却还唇齿依。

二张机，欲借修道断愚痴，抛家问路为底事？怕因迷情，又入迷情，未辨此中机。

三张机，生计难凭黯乡思，双亲易老娇儿弱，流光轻掷，愁心百结，客舍赁到期。

四张机，昂首天外数星稀，青灯照影人憔悴，欲睡还醒，几滴酸泪，尽没入黄扉。

五张机，心似吴蚕做茧衣，千千结上系相思，前思绵绵，后思密密，绵密难绝期。

六张机，意乱还作解人诗，情深切切谁理会，言语道断，回头却见，弹指一花飞。

七张机，蝉衣蜕尽莫将惜，残身多病独栖迟，缱绻风尘，徒然有累，不肯惹是非。

八张机，劝君珍重勤作息，玉璞雕琢方成器，为道日损，为学日益，江河聚点滴。

九张机，月辞中天复向西，群芳总拟向春归，浮生易老，亢龙有悔，何苦自相逼。

无题九首

（一）

晓看吴钩垂幕帘，抛家傍路弃闲田。
破钵叮当难济事，醉倒胡姬酒肆边。

（二）

细雨潇潇净夜思，人间却问几相知。
痴魂已共芳华去，满目苍凉尽入诗。

（三）

漠漠枫林醉晚秋，
落日西窗似带愁。
收拾一片好山色，
恰便新月上楼头。

（四）

万里独行系吴钩，
肃肃寒天自销愁。
可怜谁家成新冢，
借于洒家几分忧。

（五）

灞岸春来雪无遗，
仗剑劈下柳一枝。
不须低眉吟花雨，
且将怒眼看云飞。
醉里拾得梦轻浅，
笔底洒落泪希夷。
明日吴歌相伴好，
烟霞何处是旧迹。

（六）

画竹流水几芳菲，
荷锄独自上东篱。
有情莫问春光老，
葬花亦应戴月归。

（七）

硬瘦空余骨留香，
寒鸦点点数凄凉。
今年秋气锁蝶梦，
落日迟迟下濠梁。

（八）

才人新作九张机，
一抹相思一柱灰。
白头不恨青丝少，
还试当年旧嫁衣。

（九）

关山梦已远，
勒石以为记。
心事有还无，
欲遣终不去。
昏然老泪浊，
翻来几行字。
而今空泣血，
染我旧罗绮。

秋 思

驿外霜明野草花，疏篱几架落平沙。
小径多染苍苔色，蓬门半掩处士家。
樵子归来空林晚，瘦马回徊夕照佳。
乡风逐树如舒颐，吹破旧愁又新发。

挽 歌

莫道梦难全，
五更夜不眠。

几度伤怀日，
别故又经年。
而今魂飞远，
相隔泰阿间。
蓬蒿岂有意，
何事苦遮拦？
风涛倾万里，
长空一焕然。
愿栖烟霞处，
薄酒伴灵幡。

侠客愁

客辞长安复向西，
长空拭目雁南飞。
此去孤怀终难遣，
为欢喜做他人衣。
万里岂无思家意？
浮生只合风尘迹。
暮霭荒山身何驻？
探路忽逢墟下碑。
古道常遗征人骨，
野店蒙尘缘客稀。
月明不觉泪盈血，
剑气萧然心似灰。

晚　钟

细看闲云漫卷舒，
平林秋色老更殊。
暮霭沉江如叠境，
霜华落草似凝珠。
碧血犹温双泪下，
烟霞散尽一钟疏。
欲问古今伤恨事，
前缘梦里阅独孤。

老　客

良马不堪草厩终，意辞家舍赴秋风。
陌上闲田抛社里，垆中剩酒置亲朋。
欲趁青丝然旧诺，甘书碧血记新功。
二十年来生死别，谁人怜取老客踪。

古风三首

其一

酣眠树下春梦好，乌雀压枝惊梦晓。

雁乱方知未了情，逍遥难会知音少。
依依西北有行人，行人却步迟行云。
灞陵春逝暗带伤，杨柳依依扰流光。
百花还自争春色，渭水以北丘漠漠。
亦有秉烛同欢人，茫然不知身是客。

其二

莫管生死离别事，笑看风月等闲日。
骊山新雨待秋凉，人生百年恨无常。
年年岁岁花事浅，勘破禅关情难免。
无痕秋月染素波，相思未减离殇多。
欲遣新愁觅旧诗，翻来浑是断肠句。
我看春愁亦如此，莫如醉倒三春里。
寸语迟迟寄言君，应效桃李竞芳芬。

其三

前缘若定今生憾，红楼遗梦今生叹。
苍茫有寄柳郎君，烈女魂飞冲霄汉。
潇湘馆闭流萤多，蘅芜苑落秋千断。
大块沉沉大野茫，青埂峰下碎石乱。
万劫过后余灰灰，青磷碧血怎勘怨。
人生长恨水长东，一望浮沉一望空。
世情冷落难相知，弗如双栖梁间燕。
长恨秋风不解颐，莫若等闲风月看。

登古塬

早岁哪知生多艰,
意气江湖魂梦残。
唱罢今朝复明日,
历尽沧海又桑田。
多年恨事无人晓,
空花折叶几度闲。
长安城外渭水北,
独上茂陵览胜观。
千里流霜昭月色,
万古悲风冷空塬。
可怜孤冢如棋布,
四望灯火夜阑珊。
青磷皑皑秋气重,
碧血幽幽泪光寒。
帝子王孙皆寂寞,
谁人抚笛摧心肝。
摧心肝,在长安,
愿做黄雀蒿里去,
不期扶摇直上青冥之昊天。

秋夜歌

未有断肠句,胡言离恨殇。
风侵寒夜幕,月渐小格窗。
虫声压岁尽,词调转秋凉。
夜夜有所思,似草凝白霜。

野狐杂诗

寒花对影梦凄清,
苦禅苦酒苦命僧。
人生淡薄唯伤逝,
万化由来不随心。

一笔惆怅恨难书,
尘心黯黯梦如初。
酒醒风骚不自在,
五更鸡唱月如孤。

梦里寻欢为几何,
自古良缘求不得。
无事偏生婆娘口,

劝他劝你莫执着。

我佛慈悲念苍生,
金刚法华楞严经。
真道世有通天路?
一身破败不存精。

朝随白日慕彩云,
春风万里任驰骋。
都说风月情难了,
我道禅音妒杀人。

百里烟村百里溪,
寒鸦挂树月在枝。
山居渐觉秋气晚,
犹自灯前补衲衣。

朝思暮想万事空,
布衣脱下入梵宫。
出家也走发家路,
哪个方丈不富翁?

咏 剑

海枯石烂为情盟,
山河大地有灵钟。
冶剑池中抛碧血,
不是倚天怎屠龙。

识 趣

知交难索似捕影,
世事相违如摘星。
莫嗟新人不如故,
其实故人亦新人。

归 乡

月明霜淡两凄清,
今年却非故心情。
倦客囊中羞无几,
离人枕上夜狰狞。
壮志不遂归乡曲,
寒门未始望帝京。

此去沉沉磨日尽，
烂柯山里寄余生。

自　嘲

风骚自是不寻常，
难与他人话短长。
闲里无稽偷笑饮，
心中有数自衡量。
读书不免伤神久，
讳疾何必失心狂。
掩面误成虬髯客，
秋雨黄灯冷锋藏。

百度联句

心自在兮大自由，今春平林看远秋。
自古功业凭谁主？野旷江堤一钓叟。

行者无疆万古候，故里西畔觅钓舟。
搜遍文山寻一字，不负青史百代忧。
为国未死家先破，谋事方成稻粮无。
惭愧刘郎经十亩，种下和田玉满楼。

吾心恒承行不辍，奈何桥上行人多。
古来万事东流水，风流尽扫成怨鬼。
吾今一语奉劝君，最贱最贵皆光阴。
若非行至不惑年，何由发此太息声。

冬松依旧雪见凝，白日荒江大野晴。
灵幡空惹思乡客，薄酒尽酹异地魂。
唐风谩有荒唐句，宋韵唯余风月情。
不似灵均空泣血，而今翻作梁父吟。

风雪作别云雨凄，夜火逐波江岸移。
舫间座对无话语，左是将军右无棋。

枯藤无意匿归路，斜阳掩映望乡孤。
塞北胡笛摧肠断，江南旧事入梦舒。
燕子梁间结衔草，娇儿膝下弄弹珠。
驿外村烟吹袅袅，烟霞散尽一钟疏。

五月相思欲断肠，举笔维艰似江郎。
闲花漫道提无意，杜鹃声驻燕栖梁。
自是人间忙乱时，如何永昼起悲伤。
牡丹花下争怨鬼，弗如夜夜看织郎。

何来真理何来禅？笑煞老僧抵命还。
汝遭劈头一顿打，你是骂棍还骂俺？

一叶飘忽不知秋,点滴星火怎筹谋?
造作焉能呼风雨,化龙须有点睛叟。

为君不道性命忧,汝今为尔歌破喉。
倾宵难诉寒夜苦,城破楼空一望秋。

似是吴钩又新发,水怜星火复照花。
流殇难与君相诉,年关已近可还家?

南国春深好时节,有花叶底独自开。
乔木临云惊月出,木木枕风自徘徊。

木叶飘零忽聚多,木青花黄衰草折。
枕上堆眠小酌已,风吹旧梦归故国。

竹篱半掩野人家,影入残扉半落花。
倚世独奇溪月好,清风饮露天净沙。

回肠已遭千番断,望眼黄沙掩恨多。
青山兀自换颜色,春事了了随逝波。

情断天涯梦难留,夜尽潇湘雨不休。
华发遮颜书恨浅,青灯如豆动魂幽。
风卷黄扉倾宵短,血染红笺几望秋。
可怜泪散相思地,他山埋骨一怨收。

醉菩提

芒鞋与破钵,漫却浮生事。
风尘迹山川,冷暖凭天地。
世间孰乐苦,因缘由谁置。
茫然不自知,悠悠此行意。

第六章
半部自传

题记：

三十年来寻剑客，几回落叶又抽枝。自从一见桃花后，直至如今更不疑。

——唐末五代僧人灵云志勤禅师《三十年来寻剑客》

天涯万里身

（一）我的大学生涯（1992年—1996年）

大学四年我是在西安度过的，苦难总离不开我，我从高二的时候就得了一种病，右脑半侧麻木，第四军医大学附院诊断说是脑动脉硬化，右脑动脉供血不足所致。由于我学习任务繁重，加之自己喜欢用功，成绩也不差，于是就把这病给忘了。到了大四的时候，才真正感觉到身心劳瘁，几乎不能支撑学业，还好有两个保送研究生的名额，班上的第一名执意要考清华，我是第三名，这个名额就让给了我，但是我必须离开母校，远赴兰州。

理工科的大学生活是枯燥乏味的，从进校门的第一天起，就要接受一个月严格的军训，受限于自身的身体条件不佳和其他因素，我最终没能选进阅兵的方队，那时候看着同学们昂首挺胸、英姿飒爽地从检阅台前走过，心里感觉真不是滋味。其后的求学生涯里，我既没有当上班干部，没有进学生会，也没有成为入党积极分子。"在西安，学在西工大"，这一点没说错，那时我们吃过晚饭后就得赶紧去找自修教室占位子，晚上十点半以后才返回寝室，因为去迟了找不着座位，回来早了整个学生寝室空荡荡的，没有一个人。偌大的一所学校里，自己形只影单，身如草芥。好在不久后，班上的同学都混熟了，开始相互交流。因为来自各省区，每个人的生活习惯不同，加之都是从独木桥上走过来的人，大家各有矜持。大一的时候，同学之间总保持着一定的距离。从大二开始，这个磨合期算是过去了，大家基本上摸清了每个人的脾性，开始选择志趣相投的同学做朋友。同时，这也是矛盾的多发期，刚满二十岁，头脑易冲动，一言不合，甚至挥上老拳，大家的玩笑也开上了头，同学们的绰号开始满天飞。

住在我对面铺的老魏，是从关中农家（陕西临潼）走进大学的少年，生活勤俭，吃苦耐劳，思想很保守，很倔强，他已经决定去做的事，你很难让他打消念头，尽管你觉得去做那件事情很愚蠢。面对同学们的讥笑，他不会激烈地予以反驳或嗤之以鼻，他采取的态度是逆来顺受，但是你还是不能阻止他做那件事。他说得最经典的一句话是："我就喜欢做那些枯燥乏味的或者重复性的劳动。"做物理实验，他做的结果总会和预期的结果大相径庭，以至于有的老师甚至怀疑他有特异功能。就是这样一个人，却在系里的学生会身兼要职，最后当了学生会主席，原因是：你说他不听话，他总是逆来顺受，你说他听话，他却从来不改变自己的主意。可也就是这样一个人，却成了我大学四年最好的朋友，做朋友是要有一定基础维系的，大学的时候我喜欢自以为是，性情很固执，可是老魏能包容我。另外我俩都比较喜欢文学，虽然爱好的方式不一样，他能把《红楼梦》的一百多回的章节全都背下来，我觉得这工作毫无意义，像是老农在田间一行一行地锄草，完全脱离了文学欣赏的审美意趣，可你又不得不佩服他的耐力。后来老魏毕业分配到了西北核技术研究所，这单位离他家的地头只有五千米，遥遥地可以相望，他能够一边安心地种地，一边安心地工作了。

就这样混混沌沌地，大学三年的时光就过去了。好在我的数学成绩不错，班主任是学理论物理出身，一直对我抱有厚望。而我只知道埋头学习，不知道学习之外另有天地。我有过一次不成功的恋爱，可能是我的单恋。是这样的，专科班的一位女同学向我借书，我对那个女孩子印象一直很好，她居然向我借书，这是否是向我发出恋爱的信号，我心里想小说里的恋爱都是这样开始的，那么就一定是吧。一次，在路上遇见她，我说了一句一生中最令我尴尬的一句话。这句话大意就像阿Q对吴妈说："吴妈，我想和你困觉。"于是那个女孩子从此就不再理我了，我的恋爱之梦破碎了。

那时我们抽的烟是哈德门，也就一块多一包。也有喝大碗酒、吃大块肉的时候，比我低一届的茄子是个很聪明的人，总是年级第一名，河南人，江湖气很重。他一向尊称我"何老板"，我们一有空就到东门外太白路小食一条街喝啤酒、吃羊肉串，谈些什么现在都忘了。只记得他是一个很自信也很有自知之明的人，这样的人从来都会把握机会，因为有主见，所以不会让人随意摆布。还有些生活小花絮也不妨说说，我的民歌唱得很不错，在系里小有名气，有个低年级的小师妹大概因此很欣赏我。她在学校的一个很有影响力的文艺社团里是个头儿，一次学校组织一个大型的综艺晚会，她力荐我上台一试身手，我就答应了，准备去唱《小小竹排江中游》。由于平时没有练习好，加上嗓子发干，第一句就没跟上录音带的节奏，然后带子在放，我在一边清唱，完全乱了套。这是我平生第一次在正式场合表演，可惜就这样弄砸了。重要的不是自己下不来台，而是辜负了小师妹的一片心意。

到了大四上半学期的时候，我开始感受到疾病的压力，学习成绩也有所退步。当时我想报考一所名牌大学的研究生，但最后因为那个保送名额，我还是放弃了考研。我们班上有位来自贵州的苗族同学斯翔，因为成绩不好，性格也比较内向，在三年级以前，他一直是沉寂的。我们知道的是他的行踪有些古怪，独来独往，晚上回来也不和宿舍的同学谈心，一个人闷在蚊帐里打坐。他喜欢用白醋泡辣椒和包菜，味道很不错。殊不知一向文静秀气的他血脉里却延存着苗族人性灵中最原始的狂野，从大三开始，他每周骑单车从学校出发翻越秦岭山脉，后来又独自一人攀登了海拔三千多米的太白山（秦岭的主峰），开始了他的第一次探险活动，以后又在西北工业大学和西北大学校内张贴传单募集人员组织了一个雪豹探险队。这些行动对于我们这些整天埋藏在书堆里，两耳不闻窗外事的好学生来说是无法理解的，同时我们也采取了排斥的态度。这个雪豹探险队终究因为一个女生在一次探险过程中差点遇险而宣告解散，斯翔也因之而成为校园名人。我跟斯翔的交往是在大学快毕业的时候，他送给我一本书叫《真气运行法》，是一位甘肃老中医发明的一种气功的修习书，我将其视为秘籍。因为我知道我这个病用西医是很难治好的，于是想练气功来治病，这是我当时唯一的指望，却不知道从此我的人生轨迹将发生巨大的改变，真正的忧患人生也自此开始了。

（二）我的研究生生涯（1996—1999年）之一

我带着那本《真气运行法》离开了西北工业大学。为了治病，暑期在家期间，我开始习练气功，一般来说，练气功时需要老师指导，否则容易出偏。我开始练习时，气感来得很快，打坐时身上筋肉颤动，有时感觉仿佛有蚂蚁在经络中行走，这是正常现象，其实并不奇怪。但是那时的我对此现象很着迷，认为练得得法。殊不知练气功执着于"气感"是一种很危险的现象，人体的气血运行本来是自然而然的，可是练气功是用意念指挥所谓的"气"沿着经脉运行，这是一种很低浅的修习方法。那时我练功对环境要求很苛刻，但是因为心念不净，不知道环境差异并不重要，重要的是对任何外境不分差别心。强迫自己入定是很困难的，你越是想清静自然，你的烦恼就越来越多。有一天晚上练功的时候，麻烦出现了。我正在床上闭目打坐，有人在旁边叫我，叫了一声我没有回答，他又连续叫了几遍，我心中顿时感到愤怒，一气之下，我走了偏差。以后的日子里，我感觉胸口总有个气团在堵着，终日之间消释不掉，吃饭饮水都感觉困难。我每天只有用手捂着胸口，才感觉稍微舒服一些。真是福无双至，祸不单行。

暑假过后，我拖着病躯，心里怀着沉甸甸的包袱，赶赴兰州大学磁性物理与磁技术研究所（简称磁研所）攻读凝聚态物理学专业的研究生，开始了我人生又一站的学习和生活。我的导师杨某人是一个颇有名望的老头子，据说当时兰大的校长也是他的学生。在西北工业大学的时候，我就听说他对弟子要求很严格，准确地说是比较抠门。但当时的想法是选择导师还是名气乃至学术地位第一，至于当学生的好自为之就行了。面试的时候，我曾见过他，他给人的印象颇为谦和，全然不似别人形容的那样。加之本科时的班主任与研究所的副所长魏老师是读研究生时的同学，我是带着班主任的一封亲笔信去见魏老师的，我想对于我这个来自外校的学生多少会照顾些吧。

到达兰州后，我住的是二人宿舍，同宿舍的同学是兰大的保送生吴，浙江丽水人，我们是同一个导师，而且这一届研究所只招收了我们两个研究生。这个人是早就被老板和魏老师看好的，不知什么缘故，他是一个很不爱说话的人，我们在同宿舍住了两年时间，没有说过几句话。兰大由于研究生的生源不好，因此教育部给的保送名额很多，物理系一个年级有一百多人，居然有二十多个保送名额。这些同学经常出入我们的宿舍，同学们给吴起的绰号叫"垃圾"，因为日常生活搞得又脏又乱。但是这个人的可怕之处是干起活来从来都是一马当先，而且干得很出色，因此很受老板和魏老师的赏识，我只能身居其后。我们干些什么活呢？说是在做实验，其实只不过是在充当苦力。老板的研究所是开发高密度磁记录磁性材料的，研制的磁性材料是用所谓化学共沉淀法制备的，曾荣获1979年的全国科学大会奖。那时候每隔一两个月要为深圳一家公司生产一批磁记录材料，由于研究所没有工人，这些生产任务便落在我们研究生的头上。本来以为上研究生是为了学习一些高深的专业知识，可老板认为只要学好《铁磁学》就足够了，所以那时候物理专业也开设一些研究生的基础课，比如《高等量子力学》《群论》等，我们只是浮光掠影地学了一遍就过去了。我们想学电脑，可是那时研究所只有一台386和486，被老板严格控制着，我们只能望"机"兴叹了。

但是苦力活是要做的，首先得学会修理和使用烧结材料的炉子，这是基本功。第一步是烧料，就是将化学共沉淀法提取的原材料填入好几个大炉子中烧结成块。第二步是将块体材料用球磨机来粉碎，所谓的球磨罐就是三十公斤左右的铁罐子，里面放着大小不一的钢珠，将料加上水填入球磨罐后将管口拧紧，然后把罐子抱到球磨机的滚动装置上粉碎一昼夜，目的是把大块材料研磨成粉体，罐子很沉而且外面满是锈，但我们得来回抱上抱下。第三步是洗料，把球磨罐里研磨成粉的材料倒进红塑料桶中（当然要隔着一个网篮，把钢珠过滤下来），然后将料拎入一作坊里冲洗，这是因为材料中含有大量的氯离子会影响材料的性能，必须将其洗干净，先用自来水冲洗六七遍，然后再用蒸馏水洗六七遍。我们常骑着三轮车到学校的锅炉房中打蒸馏水，一次就是三四百斤，一天要打几次。老板会来检验你的活干得怎样，只要用一个试管在你洗的料桶中取一管水，然后在里面滴入硝酸银溶液，如果还有些乳白色的沉淀，那就说明你干得不合格，直到你将料洗得一点儿白色沉淀物都看不见时才算通过。第四步是烘料，将洗过的料用甩干机甩水，然后置入烘箱里烘干，晚上还要安排值班，害怕烘箱里的材料爆出来，每人一个礼拜一到两次，晚上就睡在作坊里，以防引起事故。这样反复折腾了一个多月时间才算忙完一批活，我们本来是身穿白大褂的，可是因为磁性材料中含有大量的三价铁离子，白大褂全都染成红大褂了。轮番干下来，你干得越卖力，老板越喜欢你。

可我是个病人，在闲暇时间里，我完全放弃了学习，四处寻医问药。兰州知名的大药堂和中医院我几乎访遍了，包括那个发明《真气运行法》的老中医的徒弟。有人说我得的是痹症，有人说我得的是郁症，更有甚者是个来自天水的老中医号称"易医古法"，他说我的脉象是二十四种怪脉之一，"双手寸关尺，皆在半鹊承"，很难医好，他叫我反复默念"3396815"这七个数字，左三遍，右七遍，也不知其意为何。那段时间，我何止尝遍了百草，上千种草药可能都尝过了吧，整天就用一个小煤油炉在宿舍里熬药。想尽了办法，但是后脑的麻痹和前胸的气堵就是消释不掉。直到后来，打太极拳才使我明白了"在意不在气"的道理。

（三）我的研究生生涯（1996—1999年）之二

治学没有道路可循，治病没有指望，初来乍到，在兰州也没有结识一些好友，肉体的痛苦和精神上的空虚使我的人生一度发生严重的萎靡和畸变，我变得极度自卑和自我封闭。总的来说，那是一种缺少生机的仿佛走向暮年的绝望的感觉,我感到一切都索然无味。

同学中有好事者看到一则以甘肃省太极拳协会为名义在兰大招收学员的广告,便邀我一起去报名。当时同去的有三位同学,主动邀我去的那位同学只是看了看就退出了,还有一位同学坚持了一个月时间,把陈氏架子学会也不练了,而我一练就是三年的时间。场地就设在兰大逸夫科学馆外的小广场,时间是每个周六和周日上午,学费是20块钱,原则上是一个月把架子教完,学不会的和有兴趣的学员则可以跟着老师无限期地练下去。

那是一个风和日丽的上午,兰州已进入深秋季节,天气有些清冷。在一群学员的簇拥中,我见到了冯老师。他那时才32岁,中等身材,着一套蓝色运动衣,脚踏一双"双星"牌运动鞋,戴着一副眼镜,透过眼镜的目光是一片祥和和安静,而其中却蕴藏着一些无法捉摸的东西,那眼神似乎超越了他的实际年龄,让人难以解读,这是一个喜怒不形于色、胸中藏有丘壑、不怒而自威的人,举手投足间任运自如,又俨然有一代宗师的气派。他略微地做了一下自我介绍,说自己也是兰州大学研究生毕业,现在甘肃省科委工作,任甘肃省太极拳协会的副会长。然后他叫一个徒弟(方飞)先演示了一段陈氏太极拳,对于我们还未学拳的人来说,也看不出什么门道,当时只觉得这套路不像平时看见的别人所练的太极拳那样轻柔缓慢,而且动作也比较复杂。演练完毕后,冯老师介绍说这是八十三式陈氏太极拳,也就是以后要教给我们的架子。这个架子是陈氏太极大师陈照奎传下来的,在"文化大革命"中陈氏一家遭到冲击,因为受到河北马虹老师的接济,陈照奎老师就打破陈氏太极传内不传外的族规,把这个架子传给了马虹老师,而眼前这位冯老师就是马虹老师的嫡传弟子。

陈氏太极的特点是刚柔相济,快慢相间,动静开合,松活弹抖,圆转自如。据说陈发科老人(陈照奎的父亲,太极一派宗师)每天坚持练习这个架子三十多遍,功夫臻入化境,一式金刚捣锥即能将一块青石砖块震裂。我是为治病而来练拳的,目的不是习武。在以后的日子里,我开始了艰苦的学拳岁月。陈氏架子比较繁难，而我本来就是一个不怎么喜欢运动的人，加之天生反应迟钝，身体条件又不好，学起来比较慢，一般同学只需学上三四遍就能把一个招式学会，而我有时候要学上十遍甚至二十遍。好在冯老师一视同仁，对我这样资质的人也不嫌弃，照样不厌其烦地教。一个月之后，我基本上学会了八十三式陈氏太极拳的所有招式，我每天坚持打十遍拳，而对我来说这只不过是漫长的学拳生涯的初始阶段。随着时间的推移，在以后的教学过程中，慢慢地，冯老师了解了我的"苦大恨深"，我们之间逐渐建立了深厚的师徒感情。

一个月过后，很多学员在学会架子之后就不常来拳场练拳了，只剩下几个喜爱武术的学员和我这个潜心治病的"残兵"坚持每个双休日上午定点定时来研习拳法。在这期间，留下来学拳的只有几个人，本科生居多，有政法系的方飞、近代物理系的孙、大气系的代印、物理系的云峰和上官等人；研究生里有生物系的文瑞（女）、管理系的高（这两人都比我高一届）；博士生只有生物系的梁。开始练拳时，冯老师无非是帮助我们调整架子，介绍一些练习太极拳的基本要领，比如虚灵顶劲、沉肩坠肘、含胸拔背、腰胯放松等等。其后，冯老师则是将拳理和事理相结合，向我们灌输一些他由行拳所悟及的做人做事的基本道理。我们亦由表观层次的练拳转为全身心投入。冯老师说练拳绝不是一件容易的事，甚至比做学问还难。他说世上有两种人适宜学拳，一种是真正的聪明人，一点就透，天生禀赋绝好的人；另一种是笨人里的聪明人，虽然学得比较慢，但是肯下真功夫，时间久了也会入得其门。最怕的是聪明人中的笨人，稍有心得，便狂妄自大，肆意涂改古人留下的规矩，自以为标新立异。太极拳的习练是有阶段性的，三年一小成，为入门阶段，这入门阶段需要有名师的指导，但大匠能示人规矩不能示人技巧，引进入门须口授，功夫无息法自修。那时的我对冯老师极其崇拜，决定终身以父兄之礼事之。

不久以后，本来被冯老师看好的两位同学云峰和上官被一个自称武式太极拳传人的老头子挖走了。丁某是我们同期学员中学拳最快的一个，那一天我在操场练拳，他正好也在，对我指手画脚，并有诽谤冯老师之意，一怒之下我们便"比试"起来，丁某学了几天的武式太极拳便扬言要用"内劲"来震我，其实有什么内劲，一股蛮力而已，所谓的"过招"也不过是双方在顶牛。

冯老师的另一位师父沈纪根先生（我的师爷）是杨氏太极的正宗传人（师承田兆麟先生），冯老师认为他太极功夫的基础是从马虹老师那里打下的，而真正登堂入室，领悟太极拳之真谛则完全来自沈纪根老先生的亲授。所以我们先前学的陈式架子，只不过是为了进一步习练杨氏太极拳打基础的。

到了第二年（1997年）的春夏之交，冯老师决定再招收一批新学员，这一次教的是108式杨氏太极拳，我们这批老学员可以跟在后面继续学习。因为有陈式的基础，架子的形式我们很快就学会了。这个架子是杨健侯先生（杨露禅之子）传下的，属于杨氏中架太极拳，这与普通所见的杨澄甫先生（杨露禅之孙）所传的杨氏大架太极拳有很大区别。冯老师引用沈老的话说：功夫全部出在架子上，差之毫厘，谬以千里。除杨氏太极拳的基本要领外，这个架子的步法要用"川字步"，练习时要注意"三线齐""三尖照""三心涵"，我们知道了太极拳"快即是慢，慢即是快"的道理，因为打拳时"一动无有不动""牵一发而动全身"，故太极拳每一招式的每一细节的演练都是全身在动，因此每一招式的每一细节都在发劲，冯老师总结为"具发劲"，最基本的要求是做到上下相连、腰胯带动一切。从心法上讲，太极拳要求"用意不用力""意大千斤"，之所以称为"太极"拳，是因为太极为万象之母，因此太极拳的每一招式每一细节都蕴藏着应付各种来自不同方式侵袭的可能性，从这一点上说太极无招。太极拳的"用意"就是指"不能着相"，或者说心念不能着于一处，冯老师经常用《金刚经》所言的"应无所住而生其心"训诫我们，一旦着相，心念凝于一处，就容易受制于人。

除练拳外，我们还进行一些太极推手训练，我们学的主要是四阵和一些散手，杨氏太极拳主要练习"掤、捋、挤、按"四种劲道，陈氏太极除以上四种劲道外还惯用"採、挒、肘、靠"四种劲道。和冯老师推手时，总感觉无形之中有一股强大的力量将你左右，既近不得身，又脱不了身。在一起练习的，除我们这些徒弟外，还有冯老师在兰州太极拳界的交好和一些慕名而来的拳师，如刘老师、赵老师、陆老师、崔师傅、吴师傅、关师傅等。这些人当时在冯老师看来，都是没入门的人，我们这些弟子当然也都没有登堂入室。入门是有标准的，沈老总结太极推手无非是由"接劲""听劲""引劲""化劲""发劲"五个环节构成，能够"引劲"方为入门。

我的毛病仍然在，冯老师说我的毛病关键在于放下，但我总不明白这个"放下"指的是什么。那时，我对练拳已进入痴迷状态，只要有闲暇时间就去练，渐渐对疾病思虑得就少了。斗转星移，在潜移默化中，奇迹发生了，我渐渐感觉到胸口堵的气消释了，身上的骨骼开始响动，后脑的麻木感也逐渐消失了，这就是"在意不在气"的效果吧。1998年秋天，方飞毕业走了，于是给老师提鞋挈水的义务落在我和小孙头上，我们和冯老师的感情进一步加深，我对冯老师产生了一种依赖感。那时冯老师说我的拳练得已经有点意思，似乎是窥见门墙而不入，并说我起初是他最看不中的一个，现在反倒成了练得最好的一个，三年苦行，得到老师这样的评价也算满意了。1999年春天，我在三月份就完成了论文答辩，又考上了中科院物理研究所的博士，病已转好。那时候的心情是很愉悦的，我的生命似乎重新焕发了生机。

（四）我的研究生生涯（1996—1999年）之三

我在同届的物理专业同学中显然成了边缘角色，研究生一年级的上半学期，我是特别孤独的。"垃圾"虽然不爱说话，但也是一个很有个性的小伙子，总有许多物理专业的同学光临我们这个寝室，一边找"垃圾"开开玩笑，释放释放心情，一边开始以审视的眼光来揣摩我这个异端分子，最后他们发现我也是一个很好说话的人。因此，我们那个宿舍又仿佛是四方行旅的集散地，日常的访客流量很大。其中有两个浙江小伙子以后成了我的好朋友，小岑是浙江瑞安人，是兰大96届毕业生的第一名，师从国内知名的物理学家王教授；慧灿是浙江绍兴人，也是兰大保送生，师从当时的兰大研究生处处长汪教授。这两个人后来都出息了，小岑一直在兰大读完博士，后来在中科院半导体所做了一年博士，之后又到意大利做了访问学者。慧灿则在研究生阶段通过了GRE，毕业后去了美国威斯康星州立大学，现在IBM公司任职。那时候这两人同住一个宿舍，经常为了些鸡毛蒜皮的小事发生口角，他们在我面前总是说对方的不是，而我则采取中庸的态度为他们调停。

这个时候，还有一些在一起练拳的朋友。我记忆最深刻的是后来考上北大光华管理学院的山东人高，他与我年龄相仿，总是留着一缕小胡子，和他的年龄很不相称。这个高还颇有一些来历，他自称是一个修习藏密的佛徒，但也喜欢研究一些算命术和看相术。他修习藏密的老师是兰州宗教文化界的名人铁魔居士，这个人在"反右运动"之后被囚于酒泉鸠摩罗什译经处超过二十年，从监狱里出来已经五十余岁，就不愿意娶妻生子，高在兰州商学院读本科期间结识了这位铁魔居士，高为人聪明，虽有点古怪，但对铁魔居士十分虔敬，铁魔居士便将其视作义子。这位居士与台湾的南怀瑾老师有一定交情，而高在北大的导师也是南怀瑾的弟子。当时在一起练拳的时候，他总是一副道貌高深的样子，眼睛似闭非闭，显得悠然自得。过了一阵子，他主动找我说话，说我的气质相貌和普通人不一样，并带我参观他的宿舍，他的宿舍布置得很古怪，墙上居中贴的是一幅佛像，左右张贴的是一些藏文（或是梵文）的咒语，下面是一个书架，书架上面供着香炉，墙上另一面挂满了一些宗教饰物，比如佛珠、壁挂等，还有一些不认识的物品，总之装点得有些烦琐但也井然有序。因为练习太极拳是远水解不了近渴，我便把我生病的情况告诉了他，希望从他那里得到一些直接的帮助，然后他说给我算上一命。我把我的生辰八字告诉给他，几天之后他告知我命书上说我这辈子交的是华盖运，一生命运坎坷，永无转机！当时的我竟然很相信他的话，于是陷入更深切的悲观状态之中。

　　一个偶然的机会，我认识了中文系的老乡老陈，他比我高一届，大我四岁。眼睛是心灵的窗户，认识一个比较深刻的人必须从认识他的眼睛开始，老陈的眼睛里透出的是一片柔和，没有任何诡异的色彩，但很有精神。到了研究生的第二年，"垃圾"被老板遣往日本留学一年，陈感觉他所在的寝室不适合看书、做学问，于是就搬来与我同住。在以后的岁月里他一直作为我的挚友和兄长无私地、默默地关照我、鼓励我和包容我。有了真正的朋友，就不会再寂寞，生活里开始透出一些鲜活的色彩。老陈来了之后首先解决的是寝室卫生问题，他总是把宿舍料理得很干净，其次我熬药的工作也被他一手揽去，晚上我们各看各的书，睡觉前闲聊一阵子，他对我的评价是：不是一个聪明人，但却是一个孕育着智慧种子的人。他还曾经说过只有我才能做到文理兼通，这些话都让我很得意，我们在一起生活得很和谐，像家人一样，我是弟弟，他是哥哥。随着老陈的搬迁，他的两个历史系"狐朋狗友"也进入了我的生活圈。老陈的交往面并不宽，可这两个家伙是他甩不掉的尾巴。一个是与他同届的大勇，另一个是与我本科同届毕业的暂时还没有考上硕士的寇甲。他们称呼我为"仙人"，我们的斗室便被称为仙人洞府。我是学理科的，虽然也喜爱文学，但是对文科毕竟一窍不通，不理解他们都在学些什么、干些什么、寻觅些什么。只知道大勇是一个出奇懒的人，平日里踢踢足球，之后就睡觉，成天地睡，晚上他就和寇甲降临我们的洞府，就像金庸小说里的桃谷六仙，推也推不出去，说的话无非是一些无稽之谈，不僧不道也不俗，但是没见他们正儿八经看过书。老陈那一阵子想考博，可是被两个家伙轮番骚扰，也看不成书。他们戏称老陈的几颗大牙为舍利子，说老陈对所有的姑娘都过分热情，还喜欢给女孩开书目。有一次我用文言文形式写了一篇文章给他们看，想得到他们的认可，大勇称我的文章像"汉赋"，现在想来可能是"悍妇"之谓吧。总之，他们当时在一起聊天，我一句都听不懂，因此不能附庸风雅，老陈说他们讲的都是些胡话，自己都不知道说了些什么，

当哲学遇上量子力学
——潜能哲学发微

但不容否定的是,他们的话语是很有艺术性的,都弥漫着诗性的浪漫气息。海子应该是他们很推重的一个诗人,老陈有一本黑色的沉甸甸的《海子全集》,有时候他会翻出来反复地咏诵"亚洲铜,亚洲铜……"我跟老陈说我读不懂海子的诗,老陈说我是不了解海子诗的语境才看不懂的。一次我和大勇在宿舍外的喷泉边上聊天,大勇说我这个人太注重概念了,理性强于感性,我想我是天生没有艺术细胞和浪漫气质吧。

拳是每天都要坚持练的,我总是在黄昏时分独自一人来到逸夫科学馆外的小广场,那是个清静的地方,偶尔会有人走过,遥望南边,巍然的皋兰山已成青灰色,不一会儿天色渐渐地暗了下来,缘着皋兰山东麓的山脚到山顶的一串路灯亮了起来,从远处望去,就像明珠一般璀璨动人。冬练三九,夏练三伏,三年苦行,历尽多少风霜雨雪,我始终无怨无悔。忘不了逸夫馆门外的那棵核桃树,它曾伴着形只影单的我一起历遍百千个晨昏。

研究生第一年的下半学期,一个外语系大四的女同学丽进入我的视野。她也是慕名来学拳的,当然主要目的是健身,她听说我们还学过陈氏架子,便想找一个学过的人补一补。当时我的身体条件很差,说实在的,拳架子练得很不工整,但是她还挺愿意跟在我后面学习。再过一个月的时间她就要毕业了,于是我们约好每天早晨七点钟到逸夫馆练拳。她是黑龙江人,长得很漂亮,可以说特别有北方女子的那种典雅气质,像一朵牡丹花那样纯净大方。一天下午,天空阴云密布,我的心情很不好,大家在一起练拳,休息时我对她说起我的病情,她表示十分同情,并鼓励我继续练拳。转眼间,她毕业了,被分配到兰州的中川机场,我当时的心思都在拳上,再加上心中有沉重的自卑感,后来,我就把她忘了,没有那种怅然若失的感觉。

研究生的第二年秋天,我的师弟小白(他和丽是同届的,比较熟悉)忽然告诉我,丽出事了,坐出租车时车门没有关紧,她被甩出车外,现在还在医院养伤,并且说她很想见我。果然不久,她和一位女同学光临我的宿舍,并表示还想继续跟我学拳,主要是为了调节心情。就是木头人也知道她对我是有点意思了,那天晚上我请她去吃麻辣烫,我们吃得很欢,吃的时候我试探性地问她:"你喜欢什么文学作品?"她回答说:"我们这个年龄还适合谈这些吗?"我一时语塞,那时的我太不解风情,一心沉迷在练拳之中,真不知道世间情为何物。又差不多一个月时间过去了,兰州的天气已经开始寒冷,有几个双休日上午,我们在逸夫馆前练拳,丽也坚持跟着我去拳场。但是拳场如道场,在我们眼中是一个不敢嬉戏的场所,我自然不敢怎么分心去照顾丽,害怕引起老师的责难,这让丽有些难堪。有一次练完拳,到吃午饭的时间了,冯老师还在给我们训话,天气很冷,凉风彻骨,我们都站在那里听着。丽轻轻地跟我打了声招呼说:"我走了。"我就说你先走吧。她真的就走了,从此以后,我再也没见着她,是我的冷酷逼走了她。这回才知道心里空荡荡是怎么个滋味,当时我要跟她一起走或许她不会离开我,是我亲手把最初的恋情扼杀在摇篮里。这消息被寇甲知道后,他在我的床头上抹上两句打油诗:"忍看朋辈成新寡,怒向三楼觅小妞!"无可奈何我也赋诗一首:"桃源此去无多路,花逐流水入洞扉。一时芳踪杳然去,梦醒已是离恨天。"抹在床头,这首诗被寇甲发现,很长时间以后,他才对我说:"原本我以为你是个一无所取的家伙,看到你写的这首诗后才知道你也是个潇洒的人。"这个女孩可能早就为人妻母了(现已知道是个做母亲的人了),"不知道谁把她的长发盘起,不知道谁给她做的嫁衣"。

  研究生第二年的春天,比我高一届的历史系研究生需要提前答辩。可大勇的论文还没开始动笔,这可慌坏了大勇的导师郑教授,学生不急老师急,这真是怪现象。也难怪,大勇虽然懒散,却是一个写诗的好材料,学业也不错,导师平时很宠他。在导师的一再催逼下,大勇开始动笔了,于是忽如一夜春风来,居然没用几天时间,遣才运思,旁征博引,洋洋大文一气呵成,送审的老师也挑不出什么毛病,一致通过。这时大勇已经考上复旦大学的博士,寇甲也考上了敦煌学的研究生。他们两个人准备从兰州出发骑自行车回大勇的老家扬州，走的时候大勇丢给我一册油画集和一本《伊索寓言》，以后就再没有什么消息了。

就在这个学期的六月初，老板交给我一个美差。他的好友，时任新加坡物理学会会长的翁宗经先生带着她的女儿做客兰州大学，翁先生是华裔，此次来中国想到西安去看看，来观览一下我们祖先留下的古迹。我是从西安过来的学生，对西安比较熟悉，老板叫我先到西安去买材料，以备下学期做毕业论文，另外，在那里提前安排好翁先生的起居住行，然后陪着他们到西安的各个著名风景名胜区游览一遍，最后买好软卧票把他们送上去北京的火车。我提前赶赴西安，买好材料之后，在西北大学宾馆预定了房间和旅游用车，自己就在西北工业大学的好友茄子那里住下了。然后按照安排好的时间到西安站去接翁先生和她的女儿，由于在兰州时已见过面，翁先生一出检票口，我便迎了上去，他伸出右手要和我握手，可我瞅的却是他左手中的火车票，老板事先吩咐过那可是要报销的，不是废纸，于是我的右手情不自禁地向他的左手滑去，翁先生的右手扑了个空。这个动作造成了一瞬间的尴尬，好在翁先生是个人情练达的人，并没有显露什么不快。以后的几天，白天陪同他们去了兵马俑、华清池、大雁塔、半坡村遗址、陕西历史博物馆，后来又按老板的吩咐去了离西安较远的法门寺和乾陵，万幸的是没有去登华山，否则我就一命呜呼了。原因是这样的，我在他们未到西安之前的某一天晚上，路过太白路的小食街就去吃了点东西，要了份炒田螺当下酒菜，不幸染上甲肝病毒。刚开始的时候只觉得人有点软，到最后简直就招架不住了，尿都是红的，但是为了完成老板交给我的任务，只得咬紧牙关支撑着，告诉自己不能倒下。在结束三天接待工作后，翁先生特意在解放路饺子馆招待我，并说到中国来我找你，到新加坡去你找我，说明我的工作做得还比较令他满意。然后把他们送上去北京的火车，我就上了回西北工业大学的公共汽车，在车上，我就呕吐不止。第二天我把所有的发票、凭单、门票等收尾工作料理好，老魏和茄子发现我有点不对劲，建议我上医院，我还是坚持回兰州，他们给我买好车票送上火车，凌晨三点钟左右到达兰州，下火车时我已经一步路都走不动了，好在有一辆出租车就在前面，把我送到了兰大研究生公寓。第二天早上老陈把我送到医院，一检查转氨酶指标奇高，命在旦夕之间。老陈那时候已完成毕业论文的答辩，工作落实在武汉的华中理工大学（即现在的华中科技大学）。本来想先回家一趟看看他的七十老母，但是出于道义、友情和亲情，他还是义不容辞地把照顾我的责任揽了过来。医生开了一种草药配合治疗，他便每天给我熬药，一日三次。他还要特别照顾我的饮食，甲肝病人不能吃油腻，于是老陈每天都去校门外的回民餐馆给我下一钵清汤面片，里面放点青菜或番茄。另外，他还负责给我洗澡、换洗衣物，等等。这样过了不到一个月，我勉强能下床走路了，单位要求老陈七月初去报到。老陈便想通知我的家人，被我严词拒绝，我不希望父母亲从千里之外赶来，为我这不要命的病担惊受怕。老陈走之前便到磁研所与我的老板作了一番交涉，要求我的师兄弟轮流给我送饭。其时，老陈已因我染上了甲肝，因为发现在初期，医生给他开点药就没事了。他走的时候，我想送他到校门口，可是他说他早就下定决心走的时候不需要一个人送，于是作罢。在我生病期间，我听老陈说小岑曾到我的宿舍拿走了他原先借给我的一本书，但是他始终没有到医院来看过我。老板来看过我，带了些水果和香蕉，细谨慎微的他到了病房坐也没坐，说了两句安慰的话便急匆匆离去，看来这传染病着实让人害怕，"黄患猛于虎"。当然冯老师和打拳的众师兄弟也来看过我，对我多有照顾，此话姑且不提。

　　病愈之后，我回家待了两个多月调养身体。到了十月份，我才返回学校。研究生三年级，因为得了这场病，所里给我安排的都是些轻活，比如用抛光机打磨基片、看看实验设备等，轻松但是无聊度日，我的心思也不在专业上。有了充裕的时间，我便返回拳场继续练拳。这时节来练拳的又多了两位学佛的拳友，兰州医学院毕业的东临和兰州市供电局的蒋，两人都是吃斋茹素的在家居士。东临曾力荐我学佛，并经常带我到一些宗教场所去参观，并说这是未进佛门先结佛缘。他向我介绍了许多佛教方面的常识,并给了我许多佛教的经籍,比如《金刚经》《法华经》《虚云和尚年谱》《憨山大师的一生》《印光大师文钞》以及《佛教各宗大义》,等等。这时的我浑浑噩噩,不知所向,但是拳艺有所精进。

"垃圾"从日本回来了,话语比以前更少了,只听他经常对其他人说:"日本人都是猪!"想来他在日本的日子过得并不怎么开心。他用在日本攒下的助学金买了台电脑,从此我们宿舍的人又多了起来,有来玩电脑的,有来找"垃圾"下围棋的。寇甲也经常光顾我们这里,但此时的宿舍已不再是仙人洞府。我有一次在寇甲的书桌上看见一张草纸,上面写着:"茕茕白兔,东走西顾。衣不如新,人不如故。"想来老陈和大勇都走了,说话投机的人不多了。但是他依旧闹个不停,似乎有喷射不完的精力。白日里寻不见踪影的他,每天晚上十一点以后总是不邀而至我的寝室,开始我们的夜生活。我们不上吧厅、不去舞厅,就在校园里转悠。我们俩就是互相谩骂、互相取笑,然后开始练习太极推手,所谓的练推手,就是他当我的拳架子,摆出各种各样挨打的姿势,让我选择好招式用不同的力道去袭击他。他当然要配合着挨打,否则真的动起手来我未必是他的对手呢。有时候,深更半夜的,我们会在校园里吼几嗓子,他喜欢唱花儿,并自认为唱得好,因为动了真情,可是每次我总感觉他在哭。

转眼间到了研究生三年级的下半学期,我们毕业论文的答辩已经结束。慧灿要赴美去读研究生,他的女朋友就是低他一届的绍兴老乡娟。在出国前,他们必须先结婚,以便娟以后也能顺利地出国。在领取结婚证的那一天,我应邀当他们的证婚人。仪式真是再简单不过了,慧灿穿着一身笔挺的西服,手捧一束鲜红的玫瑰花,然后到水房里吸上一口自来水,噗地一下喷在鲜花上。然后我陪同他一起赶赴娟所在的女生宿舍,将鲜花亲手交到娟的手中,同宿舍的女生向新娘和新郎身上喷上彩色米,婚礼就算举行完毕了。

三年的蹉跎岁月，让我深切地体验了人生的艰难苦恨。尽管我的老板有留我做博士生的意思，冯老师也想让我继续待在兰州，但是人生能有几回搏，我也想尝试另外一种生活方式，于是便决意报考中国科学院物理研究所的博士，没想到一试即中。新一轮的希望从此放飞，而等待我的却是万劫不复的深渊，直到十几年后才彻底走出来。

后　记

　　人活着，总是要寻找一种寄托。时下，社会前进的步伐加速了，随着社会变革的加剧，社会现象也呈现出五彩斑斓的图景。人世是无常的，一切都在变，如果只看到世事变幻的一面，那么人们又如何获取一种归属感，从而真正地安身立命呢？我觉得能从变易中找到相对不变的东西也许就是人们的寄托所在吧。好在，我们中国的文明早就关注到了这一点。老祖宗早就教诲我们如何坦然地面对命运，如何乐以忘忧，甚而直至"先天下之忧而忧，后天下之乐而乐"。在他们看来，生命的意义不在于个体的存在，生命的原动力来自一种同情感或感通力，所谓"民吾同胞，物吾与也"，人与自然是和谐共生的，这就是孔子所提出的"仁"的精神的根柢所在。

　　本书提出世界可归结为两个范畴：潜能与惯性，并指出潜能是一种无规定性的存在，无形无象，不可感不可知，其实它代表一种可能性；而惯性则代表有规定性的存在物，受规则限制，有形有象，可感可知。世间一切现象就是在潜能与惯性的对立统一中运化出来的结果。这里，存在一个很微妙的问题，既然潜能不可感不可知，那么它肯定超出了经验范畴，既然它是超验的，你又如何确定其真实存在？这里，我们要特别注意的是，我们说的超验，或者说不可感知，仅仅局限在人的感觉器官的感知范围之内，感官知觉是我们认识世界的重要途径，但不是唯一途径。感官知觉其实仍局限于物与物之间的交感，这种交感其实在无生命的物理界也是存在的，比如物理学上，电磁感应现象（如自感和互感）就体现了物与物的相互感应，也就是一种相互耦合作用。但是，我们更要意识到，广义的"感"是不局限于形而下的物与物之间的相互作用的，用张载的话来说"感知"分为"德性之知"和"见闻之知"，"德性所知"是"不萌于见闻"的，德性源自于人的内在本性中的一种固有的倾向，是一种"天地之性"，而以感性经验为基础的认知，并不能穷尽天下之物，反而在某种程度上构成了一种认识上的障碍，它阻止人们对天地之性的体认，而这个体认就是所有理学家都坚持贯彻的"天人合一"理念。人真正的天性是"仁"，人的实际感知能力取决于一个人内在的"仁"的能力。植物的种子往往被我们称作"仁"，"仁"确实代表着生机的大小，也就是生命潜能的强弱，更进一步地说，其实是感通力的大小。若麻木不仁，则无感。

西方哲学何尝没有关注到这个问题，康德哲学为人类理性设限，并将现象世界和"物自体"割裂开来，这是一种不可知论，最终导致传统形而上学大厦的崩塌。康德学说的问题在于其片面地将感觉器官获得的感知作为一切经验知识的基础，忽略了人性中超越现象世界的感知能力以及对价值世界的体认能力。这是西方哲学的通病，原因在于西方哲学中普遍缺乏人与自然和谐共存的思想传统，忘记了人作为宇宙中万物的灵长的主体作用。

本书是我的思想结晶，未必自成体系，然而我确实对有些基本的哲学问题做出了深入且细致的思考。受限于我的眼界和学识，错讹之处以及言不尽意、词不达意之处在所难免。感谢我的授业恩师甘肃省科技投资发展有限责任公司董事长、丝绸之路国际知识产权港公司董事长冯治库先生为本书作序，感谢我的授业恩师中国科学技术大学范洪义教授对本书的大力支持，感谢知识产权出版社韩婷婷女士为本书的编辑和整理付出的艰辛劳作。我的父亲和母亲给了我巨大的精神力量，让我放下包袱，重获新生。我的姐姐姐夫（何颖、陈锡明）对我提供了大力的经济援助。本书出版还受到皖西学院校级自然重点项目（项目号：WXZR201710）和皖西学院校级教学研究项目（项目号：wxxy2020047）的资助。